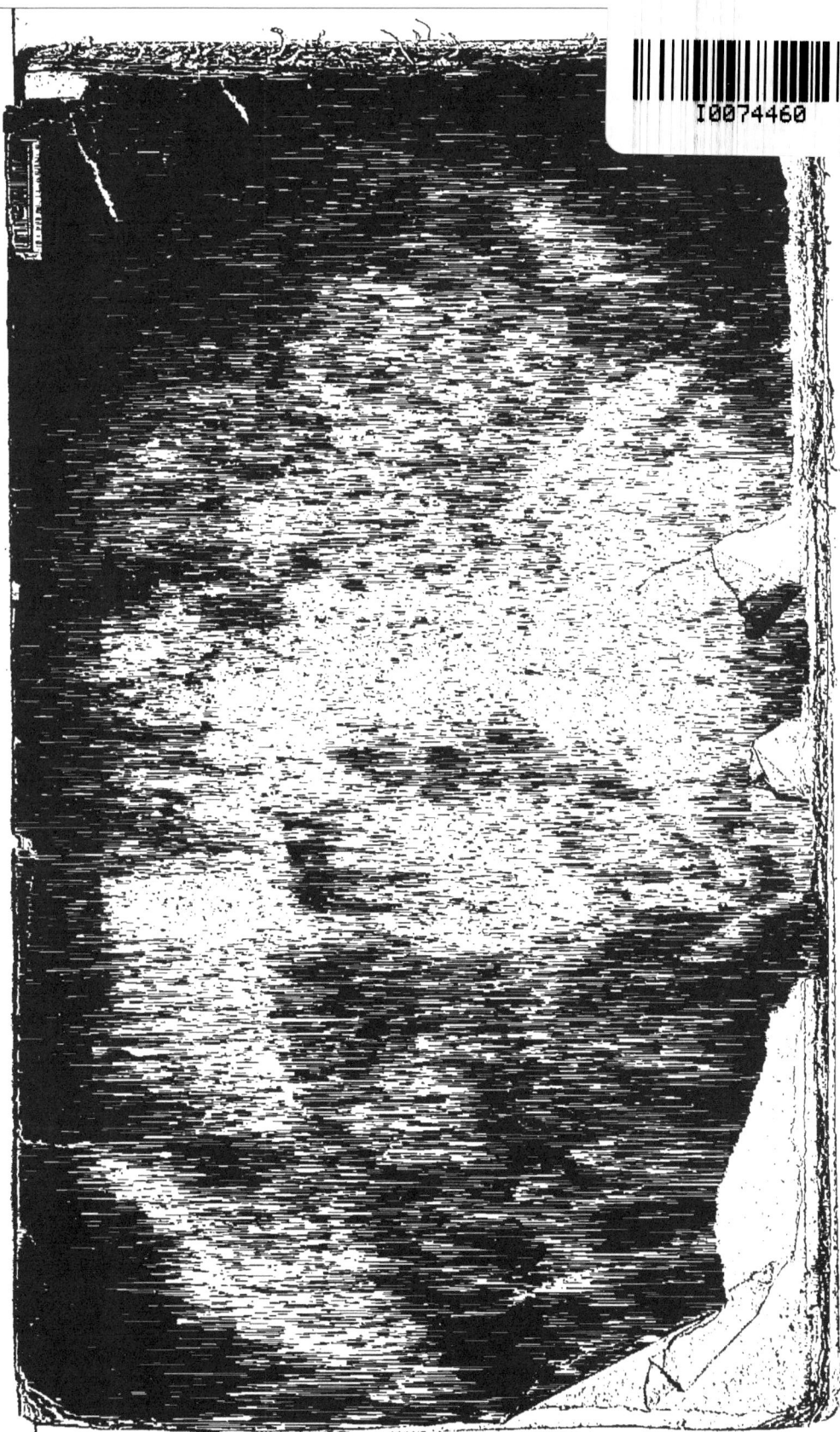

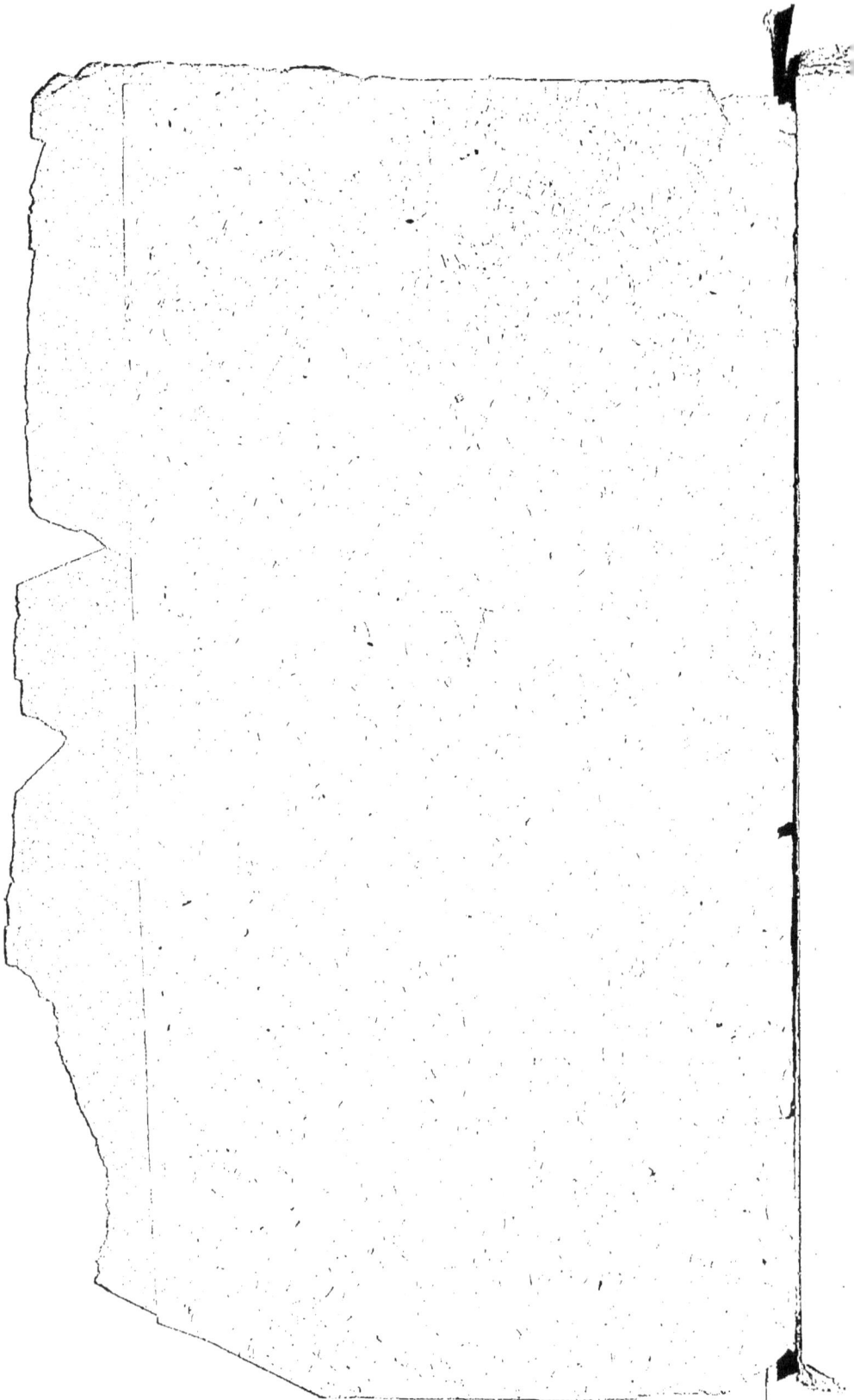

SOLUTIONS

RAISONNÉES

DES EXERCICES

ET

PROBLÈMES.

PARIS. — TYPOGRAPHIE DE FIRMIN DIDOT FRÈRES,
rue Jacob, 56.

SOLUTIONS

RAISONNÉES

DES EXERCICES

ET

PROBLÈMES

FAISANT SUITE

AU

PETIT TRAITÉ D'ARITHMÉTIQUE,

PAR M. DESDOUITS.

PARIS,

JACQUES LECOFFRE ET Cⁱᵉ, LIBRAIRES,

RUE DU VIEUX-COLOMBIER, 29,

Ci-devant rue du Pot de Fer Saint-Sulpice, 8.

1850.

SOLUTIONS RAISONNÉES

DES

PROBLÈMES

DU QUESTIONNAIRE

POUR LE PETIT TRAITÉ D'ARITHMÉTIQUE.

———◦◦◦———

N. B. Les questions des trois premiers chapitres et quelques-unes des suivantes, n'étant que de simples applications des quatre règles et des principes de la numération, n'ont pas besoin d'être expliquées. Nous ne commencerons donc les solutions raisonnées qu'à partir du quatrième chapitre et de la question 96, et nous nous contenterons de donner les résultats du calcul pour les 95 premières.

1.

3.017.008
500.100.201
30.000.000.080.403
900.301
31.002
8.000.025,00203
600.104,0000011
41.002,001013
85,0041
0,00007011
0,000003107

2. Quatre-vingt-dix millions, cent trois mille, sept, huit-millièmes.

Soixante millions, deux cent mille trois, dix mille sept *cent-millièmes.*

Cinq cent vingt mille trois, six *cent-millièmes.*

Cinq mille cent trois-millionièmes.

Mille deux dix-millionièmes.

Trente billions, dix mille un, deux dix-millièmes.

Cinquante billions, dix millions, trois mille cinq, trois millièmes.

Quatre-vingts millions, cent trois, cinquante mille sept *cent-millièmes.*

Dix mille six millionièmes.

Un million, trois cent quinze dix-millionièmes.

3.   8257812,63

         0,825781263

     825781263000,

        0,00000825781263

     825781263,

        0,000825781263

4.   87^f,10.

5.   30^f,65.

6.   18.804.954^f,75.

7.   103.116^f,25.

8.   119.213^f,98.

9.   2.439^f,15.

10.   28.996^h,80.

11.   1^m,07.

12.   879.

13.   82^f,22.

14.   220^f,95.

15.   14^f,40.

16.	390^f,35.
17.	42 litres.
18.	35 kilom.
19.	177^m,60.
20.	1211^f,48.
21.	22^f,65.
22.	363^f,43.
25.	4743^f,75.
24.	356^f,25.
25.	534^f,60.
26.	1131^f,90.
27.	782^f,04.
28.	1367^f,10.
29.	212520 kilogr.
50.	22867^f,65.
51.	17^f,16.
52.	1530 fr.
55.	53739^{lit},75.
54.	175310^f,34.
55.	2505600 kilom. ou 626400 lieues.
56.	8997^f,80.
57.	879^f,84.
58.	2366770500
59.	268072 ou 2681 mètres carrés.
40.	37427040
41.	807^f,60.
42.	1039925^f,30.
45.	13298^f,54.
44.	1866 fr.
45.	708^f,46.
46.	2701443445 secondes.
47.	4126845 secondes.

48.	$1276270^f,13$.
49.	$21029386^m,15$.
50.	$31812^f,48$.
51.	$36^m,467$.
52.	$27^j,95$.
53.	21.
54.	11.
55.	51.
56.	$48^k,7$.
57.	$24^m,444$.
58.	$909^h,09$.
59.	962025^{sec}, ou $11^j.3^h.13^m.45^s$.
60.	$3^m,676$.
61.	$5^m,32$.
62.	$1^m,693$.
63.	Par min. 16 litres, et par 24^h 23040^l.
64.	$5^m,04$.
65.	$8^f,77$.
66.	$0^f,03$.
67.	$1^f,10$.
68.	$3^f,05$.
69.	$0^f,208$.
70.	$25^f,20$.
71.	60.
72.	$65^c,196$.
73.	$1,40$ et $0,70$.
74.	$0,12$ et $0,04$.
75.	$2^f,20$.
76.	200.
77.	$22^f,29$.
78.	$3^f,08$.
79.	$631^f,115$.

80.	17^f,64.
81.	277^f,31.
82.	33^k,6.
85.	3^k,10.
84.	8333^k,33.
85.	44083^f,20.
86.	13225 fr.
87.	45°.
88.	60°.
89.	1^f,1375.
90.	0^f,7722.
91.	17^f,53.
92.	5^{h}30^m·32 secondes.
95.	206227 mètres.
94.	2810^f,58.
95.	17^m,40.

96. Le son emploiera autant de secondes que le tour entier de la terre contient de fois le nombre 340,88. Donc il faudra *diviser* 40000000 de mètres par 340,88. Le quotient représentera le nombre de secondes demandé. Ce nombre vaudra autant de minutes qu'il contiendra de fois le nombre 60 ; et les minutes autant d'heures que leur nombre contiendra le nombre 60 minutes. En effectuant ces deux divisions, on trouve 32 heures 35 minutes 43 secondes. Le reste de la première division donne les secondes excédantes, et le reste de la seconde division donne les minutes du surplus.

97. Il est évident qu'il faut multiplier le nombre 38117426 par 603422, pour avoir la distance en lieues de la terre à l'étoile, et diviser le produit par 77925. Le quotient représentera le nombre de secondes pendant lequel

la lumière nous arrive. Pour le changer en minutes, on divisera par 60. Ce second quotient, divisé aussi par 60, donnera les heures; le troisième quotient, divisé par 24, donnera les jours; et enfin ce dernier, divisé par 365, donnera les années. C'est ainsi qu'on trouve 9 ans 131 jours 6 heures 51 minutes 4 secondes.

98. En prenant pour unité inconnue le prix du mètre de doublure, on aura d'abord 17,815 de ces unités. On a de plus $23^m,954$ de drap, dont chacun vaut 19 unités; ce qui fait un équivalent de $472^m,941$ de doublure qui ont coûté $628^f,45$. En divisant ce prix total par le nombre des mètres, on a le prix d'un mètre de doublure, ou $1^f,3288$; et, en multipliant cette valeur par 19, on a le prix d'un mètre de drap, soit $25,^f2474$.

99. Il faut d'abord changer le temps total en secondes, en multipliant les heures par 60, et ajoutant 23, puis le résultat par 60, et ajoutant 12. Ce nombre de secondes doit être divisé en autant de parties égales qu'il y a de battements, ou divisé par 76980, ce qui donne un quotient égal à 2,5; c'est-à-dire 2 battements et demi par seconde, ou 5 battements en 2 secondes.

100. Les 9 mois 17 jours donnent 290 jours; et en partageant la dépense en 290 parties égales, ou divisant 3845,20 par 290, on trouve pour quotient la dépense d'un jour; soit $13^f,26$. Si la dépense de l'année doit être de 4000 fr., ce nombre divisé par 365 donnera la dépense voulue pour un jour. Le quotient est $10^f,96$. Ce nombre est inférieur au quotient précédent de $2^f,30$. Telle est donc la diminution à faire sur la dépense journalière.

101. Autant de jours que le nombre $204^{ares},7$ contient de fois $3^a,85$. Le quotient donne 53 jours, 68 centièmes.

102. On change d'abord 7 min. 5 sec. en 425 secondes.

S'il a fallu ce temps pour parcourir 6 kilom., un seul kilom. prendra un temps 6 fois moindre, ou 425 divisés par
6. Donc pour 146 kilom. il faudra un temps 146 fois plus
considérable, ou le quotient obtenu multiplié par 146.
Mais, d'après la remarque faite (Arithmét., n. 57), il vaut
mieux multiplier d'abord 425 par 146, et diviser ensuite par 6. Le nombre de secondes ainsi obtenu étant
réduit en minutes et heures, comme ci-dessus, donne
$2^h.52^m.22^s,5$.

103. Un hectolitre ou un poids de 74 kil. ayant coûté
$2^f,10$, et se vendant $3^f,75$, le produit net est $1^f,65$. Un
kil. coûtera 74 fois moins, et 100 kil. 100 fois plus. Donc
il faut diviser $1^f,65$ par 74, et multiplier le quotient par
100, ou plutôt suivre la marche inverse, comme dans le
cas précédent. On obtient d'abord ainsi $2^f,23$ pour le rapport net de 100 kil. De plus, il est clair qu'on aura le
rapport de 1 mètre carré en divisant par 7067, nombre
total de mètres, le rapport net de cette contenance, ou
257 fois $1^f,65$. La multiplication et la division subséquente
donnent pour résultat le nombre $0^f,06$.

104. En partageant le prix de chaque espèce de pein-
ture en autant de parties qu'il y a de mètres, on aura le
prix d'un mètre de chaque espèce. Donc, divisant $98^f,65$
par 147,55, on aura le prix d'un mètre à la colle; et divisant 129,04 par 62,26, on aura le prix du mètre à l'huile.
Il n'y a plus qu'à savoir combien de fois ce second prix contient le premier. La division donne 3,0999. Le second prix
étant un peu plus que triple du premier, on aura donc
cette valeur, ou un peu plus de 3 mètres à la colle pour
équivalent d'un mètre à l'huile.

105. En multipliant par les trois lots de sucre leurs prix
respectifs, on a un nombre qui représente le prix total et

moyen des 339 kil. de sucre; lequel, augmenté de 44^f,51, donne le prix total de la vente. En divisant celui-ci par 339, on aura évidemment le prix de vente de chaque kilogramme, qu'on trouve de 0^f,89.

106. Le prix total 361^f,15 étant divisé par 52, donne le prix d'un kilogramme de laine. Divisant le quotient par 4, on aura le prix d'un kilogramme de coton. Enfin, autant de fois ce dernier prix sera contenu dans 216^f,50, autant on aura de kilogrammes de coton. On divisera donc 216^f,50 par ce prix, et l'on trouvera 124^{kil},69.

107. En prenant pour unité inconnue le prix d'une chèvre, celui d'un âne sera 2,5; et celui d'un cheval, 9 fois 2,5 ou 22,5. Cela posé, 11 chèvres coûteront 11 fois ce prix inconnu; 6 ânes coûteront 6 fois 2,5 ou 15, et 5 chevaux 5 fois 22,5 ou 112,5; ce qui donnera un total composé de 11, plus 15, plus 112,5, ou 138 fois et demie le prix d'une chèvre, somme équivalente, d'après l'énoncé, à 1969^f,47. Donc, en divisant 1969,47 par 138,5, on aura pour quotient le prix d'une chèvre, soit 14^f,22. Multipliant ce nombre par 2,5, on aura le prix d'un âne, ou 35^f,55. Enfin ce dernier prix, multiplié par 9, donnera 319^f,55 pour le prix d'un cheval.

108. En multipliant par 13 le nombre 459^f,76, on obtiendra le prix de 13 bœufs. Or, il est évident qu'autant de fois ce produit contiendra le prix d'un mouton, autant on donnerait de moutons pour 13 bœufs. Donc on divisera le produit par 41,22, ce qui donnera 145 moutons.

109. En multipliant 5^f,43 par 41, on aura la valeur en francs de 41 dollars, somme moindre de 4,26 que 9 livres sterling. Donc, en lui ajoutant 4,26, on aura une somme en francs tout juste égale à 9 livres sterling; et en divisant le résultat par 9, on aura en francs la valeur de la livre : soit 25^{gr},21.

110. En divisant 820 par 20, on trouve d'abord que la somme donnée contient 41 pièces de 20 fr.; puis, en divisant le poids total 265,331 par le nombre 41, on trouve pour le poids de chaque pièce 6^{gr},4715.

111. En multipliant le prix d'une bouteille par le nombre de ces bouteilles, on a le prix total du vin contenu dans la pièce. Or, le litre valant 61 centimes, on aura autant de litres que ce prix total contient de fois 61 ; c'est-à-dire qu'il faudra multiplier 48 par 213, et diviser par 61. On trouve ainsi 230^l,56.

112. On réduira par les moyens ordinaires 27 jours 7 h. 43 m. tout en minutes, et 360 degrés tout en secondes, en multipliant par 3600, nombre de secondes que contient un degré; ce qui donne pour la circonférence 1296000 secondes. D'un autre côté, 24 heures valent 1440 minutes, et le temps total 27^{js} 7^h 43^m revient à 39343 minutes. Donc, dans une minute de temps, l'astre parcourra 39343 fois moins que 1296000 secondes de degré, et en 1440 minutes, 1440 fois plus ; donc on multipliera 1296000 par 1440, et on divisera le produit par 39343. Le résultat représentera en secondes de degré le mouvement de la lune en 24 heures. Deux divisions successives par 60 changeront ces secondes en minutes et degrés. C'est ainsi qu'on trouve 13°10'35''.

113. Il faut réduire l'année en secondes, et la longueur de l'orbite en mètres en multipliant par 4000. Puis on divise le nombre de mètres résultant par le nombre de secondes dont se compose l'année. On obtient ainsi 30376 mètres, environ 7 lieues et demie.

114. En retranchant de 12^{hect},5 les 5^{hect},1 qu'il faut défalquer pour d'autres usages, il reste 7$^{hect.}$,4 pour la consommation. Si l'on multiplie ce nombre par celui des hectares, on aura en hectolitres tout le blé consommé; il ne s'agit plus que de partager ce nombre en autant de parties qu'il y a d'habitants, c'est-à-dire le diviser par 34525000. On trouve ainsi 3$^{hect.}$,262 par tête. Et comme chaque hectare ne donne que 7$^{hect.}$,4, si on divise ce nombre par les 3$^{hect.}$,262 que chaque habitant consomme, le quotient 2,2747 indique à combien d'habitants un hectare fournit la nourriture. Cela signifie qu'il y en a pour deux habitants, plus les 2747 dix-millièmes de ce qu'il faudrait pour un troisième individu.

115. Si les pompes chassent un mètre cube d'eau en 2 minutes, elles en épuisent 30 dans une heure; et comme dans une heure il en entre 25, l'effet définitif des pompes est un épuisement de 5 mètres cubes par heure. Or, il y a 17 mètres à épuiser; donc, il faudra autant d'heures que 5 est contenu de fois dans 17. La division donne 3^h,4 ou 3 heures 24 minutes.

116. Si 19815 grains pèsent 750 grammes ou 7500 décigrammes, un seul décigramme correspondra à un nombre de grains de blé 7500 fois moindre, et 11 décigrammes à un nombre 11 fois plus grand que celui-ci. Donc il faut multiplier par 11, et diviser par 7500; ce qui donne 29,062, un peu plus de 29 grains.

117. On obtient évidemment le prix de l'hectare en divisant le prix total par le nombre des hectares, ce qui donne d'abord 925^f,75. Le bois étant aménagé à 16 ans, on n'en coupe chaque année que 242 divisés par 16, ou 15 hect. 125. Leur produit étant 8714, on divise ce prix par 15,125, et l'on a pour quotient le rapport d'un hectare, soit 576^f,10. Pour avoir le rapport moyen annuel de l'ensemble, on divisera 8714 par le nombre total des hectares, ce qui donne 36 francs. Ce dernier nombre est la 16ᵉ partie de 576ᶠ,10.

118. Si le kilogr. de poudre coûte 8 fois autant que pareil poids de fonte, et si en même temps la charge con-- tenait le même poids de fonte et de poudre, la dépense de chaque coup se composerait de 9 parties, dont 8 pour la poudre et 1 pour le boulet. Cette dépense s'obtient en divisant la dépense totale 2311 fr. par 275, nombre des coups, ce qui donne 8ᶠ,404. En divisant ce prix par 9, on aura un quotient représentant le prix du boulet; et en multipliant par 8, on aurait la dépense de la poudre.

Mais le calcul se complique en ce que la charge de pou- dre n'est pas égale au poids du boulet, mais en est seule- ment le tiers; de sorte que la dépense du boulet étant 1, celle du boulet serait le tiers de 8 ou 2,666...; ou ce qui revient au même plus simplement, le boulet étant 3, la poudre serait 8. La dépense de chaque coup serait repré- sentée par 11, somme de ces deux nombres. En divisant donc 8,404 par 11, on aura un quotient qu'on multipliera d'une part par 3, et de l'autre par 8; les produits seront les dépenses respectives du boulet et de la poudre. On trouve ainsi 2ᶠ,292 et 6ᶠ,112. La somme de ces 2 nombres reproduit 8ᶠ,404.

119. En multipliant le nombre des pages par 37, on aura le nombre des lignes; et celui-ci par 66 donnera le nombre des lettres composées, soit 1.159950. Or, en 167 minutes 7225 lettres sont composées; donc une seule lettre en 7225 fois moins de temps, ou en 167 divisés par 7225. Donc, 1159950 lettres en 1159950 fois plus. On voit donc qu'il faut multiplier 167 par 1159950, et diviser le produit par 7225. Le résultat est donné en minutes que l'on convertira en heures, en divisant par 60. On trouve ainsi 446^h 51^m. On pourra convertir les heures en jours en divisant ce nombre d'heures non par 24, mais par le nombre d'heures correspondant à une journée de travail.

120. En divisant la route parcourue 62311 par le nombre 7203 des révolutions, on obtient la longueur de chacune d'elles, ou la circonférence de la roue. Or la circonférence est le produit du nombre 3,1416 par le diamètre inconnu. Divisant le produit par le facteur connu, on a pour quotient l'autre facteur ou le diamètre, qu'on trouve égal à 2^m,7541.

121. Les payements journaliers donneraient par semaine 7 fois 35 ou 2^f,45, qui sont diminués de 1^f,10; de sorte qu'il n'est payé par semaine que 1^f,35. Il faudra donc autant de semaines pour la libération, que la dette 575,95 contient de fois 1,35. La division donne 459 semaines et un petit excédent.

122. Si l'auteur gagne 2^f,30 par exemplaire, il gagnera sur le tout 2^f,30 multipliés 1325 ou 3047^f,50. Or le prix de vente se composant des frais et du bénéfice, il faut ajouter au produit ci-dessus les 1855 fr. de frais, ce qui donne 4902^f,50 pour prix total de la vente. Le prix de chaque volume vendu s'obtiendra en divisant le prix total par leur nombre 1325, ce qui donne 3^f,70.

123. Si l'on divise d'abord le poids total par 11, on aura la consommation de la garnison en un jour. Celle-ci est telle, qu'elle est le produit de 720 gr., ration de chaque homme, par le nombre total des hommes de la garnison. Donc on obtiendra celui-ci en divisant par 720; ce qui donne 2103 hommes.

124. Si l'on multiplie 221340 kil. par 0,91, on aura le

prix total qui devrait être retiré de la vente. Si l'on a jeté à la mer 102345 kil., il n'en reste plus que 118995, qui doivent être vendus à un prix tel, que la perte soit de 5 centimes par kil., ou, ce qui revient au même, que le prix soit identique avec celui qu'on obtiendrait en vendant la charge primitive à raison de 86 centimes par kil. au lieu de 91. Ce prix serait 190346,40. Donc, en divisant ce total par le nombre 118995 des kilogrammes conservés, on aura le prix de chacun d'eux. On obtiendra ainsi 1^f,60 environ.

125. Si l'on donne 8 pains pour trois personnes, la dépense est de 8 fois 65 centimes, ou 5^f,20 pour trois individus. Donc le tiers de ce nombre, ou 1^f,733… par personne. Autant de fois ce nombre est contenu dans 9649^f,47,… autant il y aura de partageants. Pour éviter l'embarras de la période, on triplera à la fois le dividende et le diviseur; celui-ci deviendra 5,20, et la division se fera aisément. Le quotient est 5567.

126. On retranchera d'abord du prix total 8^f,75, et il restera pour les places seules 74^f,75. Si une demi-place se paye 5^f,75, les 3 enfants payeront 3 fois ce prix, ou 17^f,25, qui, retranchés de 74,75, laissent 57^f,50 pour le prix total des places des autres personnes. Or, puisque 5,75 représente une demi-place, la place entière sera 11^f,40; et alors il y aura autant de grandes personnes que le prix de la place est contenu de fois dans 57,50. La division donne 5. Donc, il y avait en tout 8 personnes, dont trois enfants.

127. Une vache étant l'équivalent de 3 moutons, les 6 vaches vaudront 18 moutons, et un bœuf valant 2 vaches ou 6 moutons, les 4 bœufs vaudront 24 moutons. Nous avons donc trois sommes, 24 moutons, 18 moutons et 43 moutons, ensemble 85 moutons qui pâturent 326 ares.

Donc un mouton mange 326 ares divisés par 85 ou 3^{ar},8235. Une vache mangera le triple, ou 11^{a},4705 ; et un bœuf, 22^{a},941.

128. Même raisonnement que dans le cas précédent. On a, d'après l'énoncé, l'équivalent de 47 hectol. d'avoine qui sont payés 624^{f},15, valeur qui, divisée par 47, donne 13^{f},28 pour le prix d'un hectolitre d'avoine. Donc, un hectolitre de blé coûtera le double, ou 26^{f},56. Les 8 hectolitres de seigle valant 5 de blé, coûteront 132^{f},80, nombre qui, divisé par 8, donne 16^{f},60 pour l'hectolitre d'avoine.

129. En divisant 19200 fr. par 26 on aura le prix de location correspondant à un cheval ; quotient qu'on devra multiplier par 100 pour avoir la dépense de 100 chevaux. Le résultat est 73848,11.

130. En divisant par 4 le nombre 1336, on aura 334 litres d'eau pour le débit d'une minute, et l'on multipliera ce nombre par 45, valeur en minutes du temps de l'écoulement. On trouve ainsi 15367^{f},5.

131. En autant de minutes que 334 litres sont contenus dans 975203, volume d'eau du bassin. C'est une division qui donne pour quotient 2855 minutes, ou 47^{h},35^{m}.

132. Si le moulin donne 3^{h},45 en 2^{h},13^{m} ou 133 minutes, dans une minute il donnera 133 fois moins ; on divisera donc 3^{h},45 par 133. Or 24 heures valant 1440 minutes, il est clair qu'il faudra multiplier le quotient par 1440. (Voir à ce sujet, et pour toutes les questions analogues, la règle exposée Arithm., n° 57). On trouve ainsi un peu plus de 37 heures.

133. Si en 24 heures ou 1440 min. il est fait 44^{hect},25 de mouture, en une minute il en sera fait 1440 fois moins, et en 5^{h}20^{m} ou 320 minutes, 320 fois plus. Donc il faudra diviser 44,25 par 1440, et multiplier le quotient par 320. Résultat : 9ʰ·50ᵐ·.

154. Les ailes ayant 8ᵐ·,55 de longueur ou de rayon, ce qui donne pour l'ensemble de deux ailes opposées 17ᵐ·,10, on multipliera ce nombre par 3,1416 pour avoir la circonférence; ce qui donne 53ᵐ·,721. L'extrémité d'une aile parcourant cette longueur en 6 secondes, en parcourra 10 fois autant en une minute, ou 537,21; donc en 12 minutes 12 fois ce dernier nombre, ou 6446ᵐ·,563.

155. Si le tonneau perd 29 litres en 3 minutes 7 secondes, ou 187 secondes, il perdra un litre en 29 fois moins de temps, ou en 187 divisés par 29. Donc il perdra 220 litres en 220 fois plus de temps; c'est-à dire qu'il faudra multiplier le quotient trouvé par 220. Résultat : 23ᵐ·39ˢ·.

156. Si 12 décimètres cubes fournissent 11 litres d'eau, un seul litre sera fourni par 11 fois moins de glace, et un hectolitre ou 100 litres par cent fois plus. Donc il faudra diviser 12 par 11, et multiplier le quotient par 100. Résultat, 109ᵈᶜ·,09.

157. Il faudra mettre autant de fois 5 litres d'eau que le nombre 220 litres contient de fois 7 litres. On devra donc diviser 220 par 7, et multiplier le quotient par 5. C'est ainsi qu'on trouve 157 litres d'eau à ajouter.

158. Le prix des 75 bouteilles de Madère sera de 75 fois 3ᶠ·,75 ou 281,25. Or il est évident qu'autant de fois ce prix total contient le prix 2ᶠ·,95 d'une bouteille de Frontignan, autant on aura de bouteilles de Frontignan. Donc on divisera 281ᶠ·25 par 2,95; ce qui donnera 95,4 pour le nombre de ces bouteilles.

159. Même raisonnement. On a le prix total du foin en multipliant 355 par 48, et l'on divisera ce produit par 0,26, prix d'une botte de paille (puisque 100 bottes coû-

tent 26 fr.). Le quotient de cette division sera le nombre
de bottes de paille. Résultat : 665,4.

140. Même raisonnement. On multipliera 0,35 par
86, et on divisera par 0,45. Résultat : 66^k,9.

141. Le canon pèse 150 fois 4 ou 600 kilog, et en divisant ce nombre par 8^{kil},2, poids d'un décimètre cube
de bronze, on a le nombre de décimètres cubes que contient le volume du canon. Or, autant de fois ce volume sera contenu dans celui de la colonne, autant celle-ci
aura absorbé de canons. Divisant ce second volume par
le premier, on trouve 1500 pour le nombre cherché. —
On peut aussi multiplier le volume de la colonne par 8,2,
ce qui donne son poids ou 900,000 kil. Divisant ce poids
par 600 kil., poids d'un canon, on trouve encore 1500 pour
le nombre des canons.

142. Nous venons de trouver 600 kil. pour le poids
d'une pièce de 8. Autant ce poids contiendra 4^{kil},7, poids
d'un fusil, autant on aura de fusils pour poids équivalent.
Donc on divisera 600 par 4,7, ce qui donnera 127,7
pour le nombre demandé.

143. En 15 heures la lampe brûle pour 1^f,55 ; donc
en une heure elle brûlera 15 fois moins, ou 1,55 divisés
par 15. Si 8 bougies coûtent 1^f,45, une seule coûtera 8
fois moins, 3 coûteront 3 fois plus, et en une heure brûle-
ront 6 fois moins que leur dépense en 6 heures. On voit
donc qu'il faut diviser 1,45 par 8, tripler le quotient, et
diviser ce triple par 6. De cette manière on trouve que
par heure la dépense en huile est 0^f,103, et la dépense en
bougie, 0^f,091. Donc la bougie serait plus économique.

144. On divisera 52 millions d'hectares par 1600, ce
qui donnera la surface en lieues carrées, soit 32500 lieues.
Donc, en partageant les 35 millions d'habitants en 32500

parties égales, ou divisant 35000000 par 32500, on aura le nombre d'habitants contenus sur une lieue carrée, ou 1077 environ.

145. En multipliant 10,000 par 28, on aura le nombre de mètres carrés que contient la surface du Champ-de-Mars : soit 280000. Autant de fois ce nombre contiendra 6, autant la surface contiendra de fois 31 hommes. Donc il faut diviser par 6, et multiplier le quotient par 31 (V. n° 132), ce qui donne 1470000 h.

146. Si la machine tire 1620 feuilles en $2^h \cdot 45^m$ ou 165 minutes, elle tirera une feuille en 1620 fois moins de temps, et 37240 feuilles en 37240 fois plus. Donc il faudra diviser 165 minutes par 1620, et multiplier le quotient par 37240 (n° 132). Résultat : $63^h \cdot 13^m$.

147. Si en 65 minutes l'homme a parcouru 6340 mètres, il parcourra 1 mètre en 6340 fois moins de temps, et le tour entier du globe ou 40 millions de mètres, en 40 millions de fois plus de temps. Donc il faut diviser 65 par 6340, et multiplier le quotient par 40000000 (n° 132). Le résultat est exprimé en minutes. On divisera par 60, ce qui donnera des heures, et celles-ci par 24, ce qui donnera des jours. Les restes respectifs des deux divisions seront les minutes et les heures excédentes. Résultat : $284^j \cdot 18^h \cdot 45^m$.

148. La pompe a fonctionné pendant 3 heures, ou 3 fois 3600 secondes; soit 10800 secondes. Si en 14 secondes elle donne 52 litres d'eau, en une seconde elle donnera 14 fois moins, et en 10800 secondes elle fournira 10800 fois plus. Donc on devra diviser 52 par 14, et multiplier le quotient par 10800 (n° 132). Résultat : $401^{hect.},14$.

149. Si 835 kil. d'eau de mer donnent $27^{kil.},38$ de sel, un seul kil. donnera 835 fois moins, et 1024 kil. fourniront 1024 fois plus. On divisera donc d'abord 27,38 par 835, et on multipliera le quotient par 1024 ; on aura ainsi le sel fourni par un mètre cube. Or autant de fois ce poids sera contenu dans un million, autant il faudra de mètres cubes d'eau. Donc il faudra diviser 1000000 par ce poids. Résultat : 31058 environ.

150. Les 6 douzaines de chemises emploient 72 fois $2^m,10$ ou $151^m,20$; donc il reste pour les serviettes $183^m,45$ moins $151^m,20$ ou $32^m,25$. Si $183^m,45$ de toile coûtent $301^f,15$, on aura le prix d'un mètre en divisant 301,15 par 183,45, et celui de $32^m,25$ en multipliant le quotient par 32,25 ; on aura donc ainsi le prix des 42 serviettes. En divisant par 42, on aura le prix d'une serviette ; et, multipliant le quotient par 12, on aura le prix de la douzaine. Résultat : $15^f,1257$.

QUESTIONS SUR LES FRACTIONS.

151. En appliquant la règle générale de la réduction au même dénominateur, on trouve $\frac{3570}{3528}$, ou 1 et $\frac{42}{3528}$.

152. Le dénominateur 84 étant un multiple des deux autres, on peut le prendre pour dénominateur commun. On multipliera les deux termes de la première par 12, et ceux de la seconde par 14, ce qui donnera les 3 fractions $\frac{60}{84}$, $\frac{14}{84}$, $\frac{11}{84}$, ensemble $\frac{85}{84}$ ou $1\frac{1}{84}$.

153. On trouve aisément que 108 est un multiple de tous les dénominateurs ; en divisant ce nombre par chacun d'eux, on trouve ceux par lesquels on doit multiplier respectivement les deux termes de chaque fraction pour les réduire en 108es. Opérant ainsi et additionnant, on trouve pour somme $\frac{328}{108}$, ou $3\frac{4}{108}$, ou enfin $3\frac{1}{27}$.

154. On payera d'abord, pour 5 mètres, 5 fois $6^f,25$, et pour $\frac{3}{8}$ de mètres, les $\frac{3}{8}$ de $6^f,25$. On obtient le 8e en divisant 6,25 par 8, et l'on multipliera le quotient par 3. Ce résultat sera additionné avec le précédent. — (Pour prendre les $\frac{1}{8}$, appliquer ici la remarque du n° 132.) Résultat : 35^f,94.

155. On réduira 7^h 46^m 11^s tout en secondes, ce qui donnera 27971 secondes. Or il y en a 86400 dans 24 heures; donc la fraction cherchée sera $\frac{27971}{86400}$.

156. En changeant de même en secondes le temps donné, on trouve 83859 secondes. Donc la fraction demandée sera $\frac{83859}{86400}$.

157. Même procédé. On trouve ainsi $\frac{1747}{86400}$ de jour.

158. Même procédé. On change 17^h 22^m en minutes, dont il y a 1440 en 24 heures; ce qui donne la fraction $\frac{1042}{1440}$.

159. On trouve ainsi 270 jours sur les 365 dont se compose l'année civile; d'où la fraction $\frac{270}{365}$.

160. Même procédé. Il y a dans l'année 8760 heures; d'où la fraction $\frac{6402}{8760}$.

161. Même procédé appliqué aux minutes. Résultat : $\frac{134103}{525600}$.

162. Même procédé appliqué aux secondes, dont il y a dans l'année 31536000. Résultat : $\frac{14568363}{31536000}$.

163. On divise chacun des trois numérateurs par leurs dénominateurs respectifs, et l'on obtient les trois résultats : 0,323738, 0,97059, 0,723611.

164. Comme au n° précédent. Résultats : 0,739726, 0,61666, 0,2551427, 0,461514.

165. On changera 11 shillings en pence, en multipliant par 12 ; ce qui, avec 7 pence qu'on a d'ailleurs, donne 139 pence, ou $\frac{139}{240}$ de livre sterling. Divisant 139 par 240, on aura pour la valeur de cette fraction en décimales 0,57917...

166. On trouve de même que 17 sh. 8 pence reviennent à 212 pence, ou à la fraction $\frac{212}{240}$ de livre. On réduit en décimales, en divisant 212 par 240. Résultat : $31^l.\frac{212}{240}...$ ou $31^l,88333$.

167. Mêmes procédés qu'au n° précédent. Résultat : $75^l,9708...$

168. Mêmes procédés. Résultat : $607^l,679166...$

169. Pour réduire des livres st. en shillings, il faut en général multiplier par 20. Donc, pour réduire en shillings la seule partie décimale, il faut la multiplier par 20, ce qui donne 12,65 ou 12 sh. 65 centièmes. On multipliera par la même raison $0^{sh},65$ par 12, ce qui donnera 7,8 ou 7 pences 8 dixièmes.

170. Même raisonnement et même procédé. Résultat : $62^l.15^{sh}.10^p,2$.

171. Il faut réduire, par le procédé précédent, les 6 sh. et les 9 pence en décimales de livre, de sorte que la somme donnée devient 135,3375. Or cette somme vaudra en francs son produit par 25,21, valeur d'une livre sterling en francs. La multiplication donne $3411^f,86$.

172. Même raisonnement et même méthode. Résultat : $10315^f,83$.

173. Même procédé. Résultat : $294^f,01$.

174. Même procédé. On obtient $\frac{239,75}{240}$, qui, réduit en décimales, donnent $0^l,999$. On multiplie par 25,21 ; d'où $25^f,185$.

175. Il est clair que réciproquement il faut diviser la somme donnée en francs par 25,21, valeur de la livre sterling. On obtient ainsi 362, avec une partie décimale, qu'on multiplie par 20 pour la convertir en shillings. Le produit est 12, avec une partie décimale, qu'on multiplie par 12 pour la convertir en pence, ce qui donne 11,45.

On a donc 362 livres 12 shillings 11 pence, 45 centièmes.

176. Même procédé. Résultat : 8 liv. 13 sh. 6ᵖ·,4.

177. Même procédé. Résultat : 37 liv. 8 sh. 2ᵖ·,3.

178. Même procédé. Résultat : 2 liv. 8 sh. 8ᵖ·,7.

179. Les $\frac{2}{3}$ de $\frac{1}{4}$ sont la même chose que les $\frac{2}{12}$. Il faut donc diviser 66 par 12, et multiplier le quotient par 2 ; ce qui donne 11.

180. Cela revient (Arithm., n° 52) à $\frac{42}{465}$ de 73. On divisera ce nombre par 465, et on multipliera le quotient par 42. On trouve ainsi 6,194 (n° 132).

181. Cela revient aux $\frac{236}{2100}$ de 42. On divisera 42 par 2100, et on multipliera le quotient par 236. — Ou plutôt (n° 132) on multipliera 42 par 236, et l'on divisera par 2100 ; ce qui donnera 9,12.

182. Si les $\frac{6}{81}$ valent 8, $\frac{1}{81}$ seulement vaudra 5 fois moins que 8 ; on divisera donc 8 par 5, ce qui donne 1,6. Si $\frac{1}{81}$ du nombre cherché vaut 1,6, la totalité ou les $\frac{81}{81}$ vaudront 81 fois plus ; on multipliera donc 1,6 par 81, ce qui donne 129,6.

183. Même raisonnement. On divisera 311 par 5 , et l'on multipliera le quotient par 17. — Ou plutôt (132) on multipliera 311 par 17, et l'on divisera le produit par 5. Résultat : 1057,4.

184. Cela revient à dire que les $\frac{22}{91}$ valent 302. En raisonnant comme ci-dessus, on est amené à multiplier 302 par 91, et à diviser le produit par 22 ; ce qui donne 1456.

185. C'est-à-dire que les $\frac{30}{1320}$ de l'inconnue valent 9,06. On est amené à multiplier 9,06 par 1320, et à diviser le produit par 30. — Résultat : 398,64.

186. En raisonnant comme ci-dessus, on trouve d'abord que le nombre dont les $\frac{2}{6}$ valent 32, est 80. Il s'agit de prendre les $\frac{11}{18}$ de celui-ci. Cela revient à le diviser par 18, et à multiplier le quotient par 11; ou plutôt (132) à multiplier d'abord par 11, et diviser le produit par 18. — Résultat : 48,88...

187. Le nombre dont le $\frac{1}{4}$ vaut 38 est 4 fois 38 ou 152. Or le $\frac{1}{4}$ du $\frac{1}{4}$ du $\frac{1}{4}$, c'est $\frac{1}{64}$. Cette fraction de 152 s'obtient en divisant ce nombre par 64; ce qui donne 2,375.

188. On prend d'abord les $\frac{2}{7}$ de 37,8, en multipliant ce nombre par 2 et divisant le produit par 7; ce qui donne 10,6. Il s'agit de trouver un nombre dont les $\frac{2}{5}$ valent 10,6. Raisonnant comme au n° 185, on est amené à multiplier ce nombre par 5, et à diviser le produit par 2. Ce qui donne précisément le nombre primitif 37,8.

189. En multipliant les 3 fractions selon la règle, on trouve que les deux termes de la fraction résultante sont égaux, ce qui vient de ce qu'ils se composent des mêmes facteurs. Cette fraction est donc égale à l'unité; et cette fraction de 18 est le nombre 18 lui-même.

190. Le tiers et demi, c'est $\frac{1}{3}$ plus $\frac{1}{6}$, ou $\frac{3}{6}$, ou $\frac{1}{2}$. D'ailleurs, le tout se composant de 3 tiers, le tiers et demi est évidemment la moitié. — Il s'agit donc de la moitié de 100, qui est 50. — On propose souvent cette simple et bizarre question, qui embarrasse beaucoup de monde.

191. Cela revient à demander combien valent ensemble les $\frac{2}{7}$ et les $\frac{6235}{10000}$ de 47,50. On additionne les deux fractions, et l'on prend la fraction résultante du nombre 47,50, conformément aux exemples ci-dessus. Cela revient à multiplier 47,50 par 18705, et à diviser le produit par 70000. — Résultat : 49,9734.

192. On prend d'abord les $\frac{5}{11}$ de 22,05, en multipliant par 5 et divisant par 11. Puis, pour prendre les 0,583

du produit, on multiplie celui-ci par 0,583. — Résultat :
5,84325.

193. On prendra d'abord les 0,0091 de 42, en multipliant 42 par 0,0091 ; on prendra les $\frac{7}{8}$ du résultat, en multipliant par 7 et divisant par 8 ; puis les 0,08 de ce second résultat, en le multipliant par 0,08 ; puis enfin on multipliera par 0,23. — Résultat : 0,00615342.

194. Ou autrement : Quel est le nombre dont les $\frac{55}{10000}$ valent 88 ? En raisonnant comme au n° 183, on multipliera 88 par 10000, et on divisera le produit par 55 ; ce qui donne 1600.

195. On prendra d'abord le prix de 60 centimètres, ou les $\frac{60}{100}$ de 17,25 ; ce qui revient à multiplier simplement 17,25 par 0,60. On trouve ainsi 10^f,35, dont il faut prendre les $\frac{5}{8}$. On multipliera donc 10,35 par 5, et l'on divisera par 8. — Résultat : 6^f,47.

196. Si l'on a payé 11^f,20 pour $\frac{7}{8}$, pour $\frac{1}{8}$ on payera 7 fois moins, et pour $\frac{8}{8}$ ou le tout, 8 fois davantage ; donc il faudra diviser par 7 et multiplier par 8 (ou inversement, n° 132). Cela fait, on aura le prix de tout le morceau de 85 centimètres. Donc un centimètre coûtera 85 fois moins, et 100 centimètres ou le mètre, 100 fois plus. On multipliera donc par 100, après avoir divisé par 85 (ou inversement, n° 132). — Résultat : 15^f,06.

197. On aura d'abord les $\frac{5}{9}$ de 54 fr., en multipliant 54 par 5 et divisant le produit par 9, ce qui donne 30 francs. Ainsi les $\frac{3}{4}$ de la première bourse valent 30. En raisonnant comme n° 183, on est amené à multiplier 30 par 4, et à diviser par 3 ; ce qui donne 40^f pour contenu de la 1re bourse.

198. Deux fois une chose et ses $\frac{5}{8}$ reviennent à $\frac{21}{8}$ de cette chose. La question revient à savoir quel est le nombre dont les $\frac{21}{8}$ valent 47 ans 3 mois, ou 567 mois. En raisonnant comme ci-dessus (n° 183), on multipliera 567 par 8, et l'on divisera par 21 ; ce qui donne 216 mois (ou 18 ans) pour l'âge du fils.

199. Les deux âges sont, d'après l'énoncé, l'âge de l'aîné, plus les $\frac{7}{8}$ de cet âge, ou ensemble les $\frac{15}{8}$ de cet âge. Or, les deux âges réunis valent 31 ans 3 mois, ou 375 mois. Il s'agit donc de trouver un nombre dont les $\frac{15}{8}$ valent 375. En raisonnant comme n° 183, on multipliera 375 par 8, et l'on divisera par 15 ; ce qui donne 200 mois pour l'âge de l'aîné. On en prendra les $\frac{7}{8}$, en multipliant par 7 et divisant par 8 ; ce qui donne 175 mois pour l'âge du plus jeune. Autrement, on a pour les 2 âges 16 ans 8 mois, et 14 ans 7 mois.

200. Même raisonnement. On aura à multiplier 221 mois par 12, et à diviser par 17 ; puis le résultat sera multiplié par 5 et divisé par 12. Les 2 quotients, qui exprimeront les 2 âges, sont 13 et 5 $\frac{5}{12}$.

201. Les $\frac{11}{3}$ de 0,8 reviennent à $\frac{11}{3}$ de $\frac{8}{10}$ ou $\frac{88}{30}$. La question suppose donc que 100 ans sont la valeur de l'âge du plus jeune, plus les $\frac{88}{30}$ de cet âge ; ou autrement, que les $\frac{30}{30}$ et les $\frac{88}{30}$ ou les $\frac{118}{30}$ de cet âge valent 100. En raisonnant comme ci-dessus, on multiplie 100 par 30, et l'on divise par 118 ; on a ainsi l'âge du plus jeune, qui est 25 ans 5 mois 27 jours. Pour avoir l'âge de l'aîné, on en prendra les $\frac{88}{30}$, en multipliant par 88 et divisant par 30, ce qui donne 74 ans 6 mois 2 jours $\frac{1}{2}$.

202. En prenant pour unité l'âge du premier, celui du 2e serait représenté par $\frac{3}{4}$; et celui du 3e par $\frac{8}{9}$ de $\frac{3}{4}$ ou $\frac{24}{36}$. La somme des 3 âges serait donc 1, plus $\frac{3}{4}$, plus $\frac{24}{36}$, ou, en réduisant tout au même dénominateur et additionnant, $\frac{87}{36}$. Donc les $\frac{87}{36}$ de l'âge du premier valent 87 ans ;

d'où en raisonnant comme ci-dessus, multipliant 87 par 36, et divisant par 87, on trouve 36 ans pour l'âge du premier. On prendra pour le 2ᵉ les $\frac{3}{4}$ de 36, qui sont 27 ans ; et pour le 3ᵉ, les $\frac{8}{9}$ de 27, ce qui donne 24 ans.

203. On multipliera 25 par 3, et le produit par 2 ; puis on divisera par 3 pour prendre le tiers, et par 2 pour en avoir la moitié. Il est clair que ces quatre opérations étant inverses, on doit trouver le nombre primitif 25.

204. Les $\frac{5}{11}$ et les 0,094 ou $\frac{94}{1000}$ valent ensemble $\frac{6034,1}{11000}$. La différence de cette fraction à l'unité ou à $\frac{11000}{11000}$ est $\frac{4966}{11000}$. Il reste donc cette fraction du nombre proposé ; en la réduisant en décimales, on trouve 0,4515.

205. Les deux premières fractions, réduites au même dénominateur, donnent $\frac{465}{1302}$ et $\frac{461}{1302}$, ensemble $\frac{926}{1302}$. La différence avec l'unité ou $\frac{1302}{1302}$ est $\frac{376}{1302}$. Le premier est donc le mieux partagé, et le 3ᵉ l'est le moins bien.

206. En réduisant les 3 fractions au même dénominateur, et faisant leur somme, on obtient $\frac{9811}{11193}$. Ce qui reste est la différence avec $\frac{11193}{11193}$ ou $\frac{1382}{11193}$.

207. En réduisant les trois fractions au même dénominateur et faisant la somme, on trouve $\frac{278}{280}$; donc il reste du jour $\frac{2}{280}$ ou $\frac{1}{140}$.

208. Les trois fractions réduites au même dénominateur et additionnées donnent $\frac{199}{165}$, ou l'unité plus $\frac{34}{165}$. Donc ces $\frac{34}{165}$ du nombre demandé valent 6ᶠ,80 ; donc un seul $\frac{1}{165}$ vaut 34 fois moins, et les $\frac{165}{165}$ ou la totalité, 165 fois plus ; c'est-à-dire qu'il faut multiplier 6,80 par 165 et diviser par 34, ce qui donne pour dernier résultat 33 francs.

209. La somme des deux fractions donne $\frac{194}{480}$ de jour, ou de 1440 minutes. Donc $\frac{1}{480}$ s'obtiendra en divisant 1440 par 480, et $\frac{194}{480}$ en multipliant le quotient précédent

2

par 194. Le résultat est 582 minutes. Il est dit qu'il faut en retrancher 42 minutes : donc il restera pour l'heure demandée 535 minutes, ou 8 heures 55 minutes.

210. Les trois fractions additionnées donnent $\frac{7}{8}$, et avec le quantième lui-même ou $\frac{8}{8}$, c'est un total égal aux $\frac{15}{8}$ du quantième. Si les $\frac{15}{8}$ du quantième valent 30 jours, un seul huitième vaudra 15 fois moins, et les $\frac{8}{8}$ ou le tout, 8 fois plus ; ce qui donne 16. Tel est le chiffre du quantième.

211. Si le premier robinet emplit le bassin en 42 minutes, en une minute il en remplirait $\frac{1}{42}$. On voit de même que le second robinet remplit en une minute $\frac{1}{21}$ du bassin, et que le 3ᵉ en remplit $\frac{1}{84}$. On reconnaît aussi que la fuite enlève en une minute $\frac{1}{100}$ du bassin. Donc, en une minute, le bassin recevra la somme des 3 premières fractions, diminuée de la 4ᵉ. Réduisant au même dénominateur, on trouve qu'en définitive le bassin reçoit et garde par minute les $\frac{616}{8400}$ de sa capacité. Il lui faudra donc autant de minutes pour être rempli que la fraction $\frac{616}{8400}$ est contenue de fois dans l'unité ou dans $\frac{8400}{8400}$, ou, ce qui est évidemment la même chose, autant de fois que le numérateur 616 est contenu dans l'autre numérateur 8400. La division donne 13 minutes avec un reste $\frac{392}{616}$ de minute. Prenant cette fraction du nombre 60 secondes, on trouve 38 secondes environ.

212. La somme des trois fractions énoncées se réduit à $\frac{667}{840}$. La différence avec un entier ou $\frac{840}{840}$ est $\frac{173}{840}$; donc $\frac{173}{840}$ du régiment valent 519 ; donc un seul 840ᵉ vaut 173 fois moins, ou 519 divisés par 173. Mais la totalité ou les $\frac{840}{840}$ valent 840 fois plus ; donc il faudra multiplier le quotient obtenu par 840. On trouve ainsi 2520 h.

213. Si trois intervalles font 279 pas, un seul intervalle vaudra 3 fois moins, ou 93 pas. Donc la totalité du chemin à faire se compose de 86 fois 93 pas ou 7998 pas.

214. On réduit d'abord l'arc donné en secondes, ce qui fait 11840 secondes. Donc une seule seconde vaudra 11840 fois moins que 187494, ou ce nombre divisé par 11840. Donc 360° ou 1296000 secondes vaudront le quotient multiplié par ce dernier nombre (n° 132). — Le résultat est 20522992 mètres environ.

215. Les $\frac{3}{5}$ plus les $\frac{2}{9}$ donnent $\frac{37}{45}$. Les $\frac{8}{11}$ des $\frac{3}{4}$ du $\frac{1}{4}$ reviennent aux $\frac{24}{176}$, ou, en réduisant, aux $\frac{3}{22}$. On a donc à retrancher d'abord la fraction $\frac{3}{22}$ de celle $\frac{37}{45}$; ce qui donne $\frac{679}{990}$. La question revient donc à trouver le nombre dont les $\frac{679}{990}$ valent 15617. En raisonnant comme ci-dessus, on est amené à multiplier 15617 par 990, et à diviser ensuite par 679. On trouve ainsi 22770.

216. Les 360_{0} valent 21600 minutes, et les 117°15′ se réduisent à 7035 minutes. Si en 27 j. et $\frac{1}{3}$, ou $\frac{82}{13}$ de jour, la lune parcourt 21600 minutes, elle parcourra une minute en 21600 fois moins de temps, et 7035 minutes en 7035 fois plus. On est donc amené à multiplier $\frac{82}{3}$ par 7035, et à diviser ensuite par 21600. Cela revient à multiplier le numérateur 88 par 7035, et à diviser le produit par 3 fois 21600. — Le résultat réduit donne 8^{j}·21^{h}·39^{m}.

217. Il y a par jour 6 journées d'hommes, plus $\frac{3}{2}$ journées, plus $\frac{5}{4}$ de journée. Ces 3 valeurs réunies donnent $\frac{35}{4}$. Ainsi 35 quarts de journée d'homme répétés 6 fois valent 264 fr., ou autrement, tel est le prix de 6 fois 35 quarts ou 390 quarts de journée. Donc un quart vaudra 390 fois moins, et la journée entière ou les quatre quarts, 4 fois plus. On devra donc multiplier 264 fr. par 4, et diviser par 390 ; ce qui donne 4^{f},80. Tel est le prix de la journée d'homme. Celle de femme sera donc 2^f,40 ; et celle d'enfant, 1^f,60.

218. Si en 8 h. $\frac{3}{4}$ ou $\frac{35}{4}$ d'heure on a fait $\frac{5}{81}$, en un seul quart d'heure on fera 35 fois moins, et en 4 quarts d'heure ou une heure, 4 fois plus. Donc on devra multiplier la fraction $\frac{5}{81}$ par 4, et diviser ensuite par 35 ; ce qui se fait en multipliant le numérateur par 4, et le dénominateur par 35. On obtient ainsi une fraction qui, réduite à sa plus simple expression en divisant les 2 termes par 5, donne $\frac{4}{567}$.

219. Nous commençons par chercher le nombre dont les $\frac{11}{30}$ valent 671. Si les $\frac{11}{30}$ valent cela, un seul $\frac{1}{30}$ vaudra 11 fois moins, et le tout ou les $\frac{30}{30}$ vaudront 30 fois plus. Nous devons donc d'abord multiplier 671 par 30, et diviser par 11 ; ce qui donne 1830 ; puis nous prenons les $\frac{23}{3}$ de ce nombre, en le multipliant par 23 et divisant par 3, ce qui donne 14030. Telle est donc la valeur des $\frac{5}{8}$ de la dette. Donc un seul $\frac{1}{8}$ vaudra 5 fois moins, et le tout ou les $\frac{8}{8}$, huit fois plus. Donc il faudra multiplier 14030 par 8, et diviser le produit par 5. On trouve ainsi 22448.

220. Puisque le libraire a les 13es gratis, il ne paye 13 volumes que 29^f,25, ce qui donne 2^f,25 par volume. Or, puisqu'en retranchant 4 p. 100 du prix total on a pour reste 570^f,24, c'est dire que les $\frac{96}{100}$ de ce prix valent 570,24. Donc $\frac{1}{100}$ vaudra 96 fois moins, et 100 centièmes ou le tout, 100 fois plus ; donc il faut multiplier 570,24 par 100 et diviser par 96, ce qui donne 594 fr. pour prix total payé. Mais chaque volume coûte 2^f,25 ; donc autant de fois 2,25 sera contenu dans 594, autant il y aura de volumes. La division donne 264.

221. On devra payer d'abord 11 fois 509^f,75. Les 3 mois et 7 jours valent 97 jours, ou $\frac{97}{360}$ d'année. On prendra donc pour ce temps les $\frac{97}{360}$ de 509,75, ce qui se fait en multipliant par 97 et divisant par 360. Le résultat de cette opération, ajouté au produit de 509,75 par 11, donnera le payement total demandé. On trouve ainsi 5744ᶠ,47.

(Nota.) Dans cet exemple et dans tous ceux qui suivent, et où il sera question d'années et de mois, nous compterons le mois de 30 jours et l'année de 360. Tel est l'usage de la banque et du commerce.

222. On changera d'abord 315 liv. 13 sh. 3 pence, tout en pence, ce qui donne 75759 pence; puis on changera 3 ans 7 mois 22 jours tout en jours, ce qui donnera 1312. Or, si pour 1312 j. on doit payer 75759, pour un jour on payera 1312 fois moins, et pour une année ou 360 j., 360 fois plus. Donc il faut multiplier 75759 par 360, et diviser par 1312. Le résultat de ce calcul est exprimé en pence; on le changera en shillings et en livres par les moyens ordinaires. On trouve ainsi 86ˡ·12ˢʰ·7ᵖ· environ.

223. Il résulte de l'énoncé que $\frac{102}{11}$ de dollar valent $\frac{375}{187}$ de livre sterling, ou $\frac{375}{187}$ de 25ᶠ,21. Donc $\frac{1}{11}$ de dollar vaudra 102 fois moins, et $\frac{11}{11}$ ou un dollar entier, 11 fois plus; donc il faudra multiplier la fraction $\frac{375}{187}$ par 11, et la diviser par 102; ce qui se fait en multipliant le numérateur par 11 et le dénominateur par 102. On a ainsi la fraction $\frac{4125}{19074}$. Il faut donc prendre cette fraction du nombre 25ᶠ,21; ce qui se fera, comme on sait, en multipliant ce nombre par 4125, et divisant par 19074. Le résultat est 5ᶠ,452.

224. C'est demander les $\frac{15}{352}$ du nombre, dont les $\frac{13}{20}$ font 25302 minutes. Donc $\frac{1}{20}$ de ce nombre vaut 13 fois moins, et le tout ou les $\frac{20}{20}$, 20 fois plus. On multipliera donc 25302 par 20, et l'on divisera par 13. Puis il faudra prendre les $\frac{15}{352}$ du nombre obtenu, en multipliant par 15 et divisant par 352. On arrive ainsi à un nombre de minutes qui, converti à l'ordinaire, donne $1^j \cdot 3^h \cdot 38^m \cdot 48^s$.

225. On réduira en secondes le temps donné, et l'on cherchera le nombre dont les $\frac{9}{20}$ donnent ce temps. Un seul $\frac{1}{20}$, au lieu de 9, donnera 9 fois moins, et les $\frac{20}{20}$, 20 fois plus; donc il faudra multiplier le nombre de secondes par 20, et diviser le produit par 9. On prendra ensuite les $\frac{41}{80}$ du $\frac{1}{6}$, ou les $\frac{41}{400}$ du résultat, en multipliant par 41 et divisant par 400. Ce second résultat représentera, d'après l'énoncé, les $\frac{7}{9}$ du nombre demandé. Donc $\frac{1}{9}$ vaudra 7 fois moins, et le tout ou les $\frac{9}{9}$, 9 fois plus.; donc il faudra multiplier le second résultat par 9 et diviser par 7. On obtiendra ainsi un nombre de secondes, qu'on réduira par les moyens ordinaires à $54^j \cdot 10^h \cdot 54^m \cdot 12^s,5$.

QUESTIONS SUR LE SYSTÈME MÉTRIQUE.

226. On multiplie par 100, en reculant la virgule de 2 rangs à droite : d'où le nombre 72835^c.

227. On multiplie par 10, en reculant la virgule d'un rang : d'où le nombre $9702^f,8$.

228. On multiplie par 100 : d'où le nombre $86518^c,6$.

229. On divise par 10 en reculant la virgule d'un rang vers la gauche : d'où 93,1804.

230. Nombre 1000 fois moindre. On divise par 1000, en reculant de 3 rangs vers la gauche : d'où $1^k,84256$.

231. Nombre 100 fois moindre. Virgule reculée de 2 rangs : d'où $0^h,28131$.

231 *bis.* Nombre 10000 fois moindre. Virgule reculée de 4 rangs vers la gauche : d'où $0^m,0017351$.

232. Nombre 100000 fois plus grand. Virgule reculée de 5 rangs vers la droite, ce qui exige la pose de 3 zéros : d'où le nombre 1103000 $cent^s$.

253. Nombre 100 fois moindre. Virgule reculée de 2 rangs vers la gauche : d'où $2^n,2904$.

254. Diviser par 10000 : d'où $1^h,922435$.

255. Diviser par 10000 : d'où $0^h,032821$.

256. Multiplier par 100 : d'où 28451 ares.

257. Multiplier par 10000 : d'où 93520 centiares.

258. En multipliant par 100, on a d'abord 1108 mètres carrés. Le mètre carré vaut 1000 fois 1000, ou un million de millimètres carrés. Il faut donc à 1108 ajouter 6 zéros.

259. Multiplier par 100, puis par 10 : d'où 811220 décilitres.

240. Le nombre proposé s'écrit $11^{myr},0003$, ou 110003 litres. La division par 1000 recule la virgule de 3 rangs vers la gauche ; d'où $110^l,003$.

241. Dans $71^l,85$, reculer la virgule de 4 rangs vers la droite : ce qui exige la pose de 2 zéros ; d'où 718500 litres.

242. Il faut reculer la virgule de 5 rangs vers la gauche ; d'où le nombre $0^k,0924375$, ou 92 grammes 437 milligr.

243. Pour multiplier $0^{gr},003$ par 100000, il faut reculer la virgule de 5 rangs vers la droite, avec pose de 2 zéros ; d'où 300 grammes.

244. Le kilogr. contient 100 décagrammes. Il faut donc reculer la virgule de 2 rangs vers la droite ; d'où 60325 décagr.

245. Le décagramme est centième ; donc on écrira 98 centièmes, ou $0^k,98003$.

246. Diviser par 1000 les 3 nombres donnés, en reculant les virgules de 3 rangs vers la gauche ; d'où les nombres $0^k,35245...932^k,86422...0^k,0011$.

247. Le myriamètre contient 100 hectomètres. On multipliera donc par 100 ; d'où 300^h,00005.

248. Le myriagr. contient 100 hectogr. ; d'où, en multipliant par 100, le nombre 1^m,08011.

249. Multiplier par 10 ; d'où 4250^d,5... et 1^d,103.

250. Multiplier par 100 ; d'où 8508^n,11.

251. Multiplier 322^{hect},0013 par 100; d'où 32200^n,13.

252. Diviser par 100 le nombre 5^m,0018; d'où 0^a,050018. (Le mètre carré contient 10000 centimètres.)

253. Diviser par 100 ; d'où 6^h,4215.

254. Diviser 11^n,06 par 100 ; d'où 0^h,1106.

255. Diviser par 10000 ; d'où 0^h,0033.

256. Diviser 3^n,0008 par 10000; d'où 0^m,00030008.

257. La question revient à celle-ci : A 3^f,115 le mètre, combien coûteront 361^m,25 ? On multiplie ces deux nombres l'un par l'autre, ce qui donne 1125^f,29.

258. La question revient à celle-ci : A 75^f,50 le mètre, combien payera-t-on pour 110^m,03 ? C'est encore une simple multiplication. — Résultat : 8307^f,265.

259. La question revient à celle-ci : On paye 11^f,28 pour 1000 grammes, ou 0^f,01128 pour un gramme; combien payera-t-on pour 35 grammes? Multiplication de ces 2 nombres, et produit : 0^f,39.

260. La question revient à celle-ci : A 0^f,75 le gramme, combien payera-t-on pour 872^{gr},8? Multiplication comme ci-dessus. — Résultat : 654^f,60.

261. La question revient à celle-ci : On a payé 94^f,21 pour 110 litres 8 centièmes; combien coûte un litre? Il faut diviser le prix total par le nombre des litres, ou 94,21 par 110,8. Le quotient est 0^f,856.

262. La question revient d'abord à celle-ci : On a payé 301^f,11 pour 1325 litres; combien coûte un litre? On divisera 301,11 par 1325. Le quotient 0,227 donne le prix du litre. Celui du décalitre, qui est 10 fois moindre, sera donc 0^f,0227.

263. La question revient à celle-ci : A 21^f,041 l'are, combien payera-t-on pour 8^a,11? On multipliera ces deux nombres l'un par l'autre, et l'on aura 170^f,70.

264. On aura autant d'hectares que 904^f,35, prix d'un hectare, est contenu de fois dans 17000. Divisant ce dernier nombre par l'autre, on obtient 18,7980, ou 18 hectares 79 ares 80 centiares.

265. Si un hectolitre coûte 4^f,75, un décalitre coûtera 10 fois moins ou 0^f,475, et on aura autant de décalitres que 0,475 sera contenu dans le prix total 122,08. La division donne 257.

266. On doit diviser 622^f par 8^f,10; ce qui donne 76 kil. 790 grammes.

267. Si les 500 kilogr. coûtent 23^f,50, un seul kil. coûtera 500 fois moins, ou 0^f,047; et l'on aura autant de kilogr. pour 1000 fr. que 0,047 est contenu de fois dans 1000. La division donne 21276 kil. environ.

268. Le prix du litre multiplié par le nombre des litres ou par 21126, donne 6000 fr. Donc ce prix est le quotient de 6000 divisés par 21126, ou 0^f,284.

269. En divisant 444 par le nombre des ares 107,03, on aura ce qu'il faut de blé pour ensemencer un are, et en multipliant par 100, ce qu'il faut pour un hectare. On trouve ainsi 4148^l,36, ou 41 hectol. 48 lit. 36 centil.

270. Il parcourra autant de fois 4 kilom. que la somme 9^f,15 contient de fois 15 centimes. Divisant donc 9,15 par 0,15, on trouve 61. Donc, 61 fois 4, ou 264 kilom. (61 lieues).

271. En partageant 13^f,28 en autant de parties égales

2.

qu'il y a de kilom. à parcourir, c'est-à-dire divisant 13,28 par 244,5, on aura pour quotient le prix d'un kilomètre. On multipliera ensuite ce quotient par 4, pour avoir la dépense correspondant à 4 kil. ou une lieue. On trouve ainsi $0^f,22$.

272. Si la crue est de 58 centimètres en 20 h. $\frac{1}{2}$ ou en 41 demi-heures, en une seule demi-heure elle sera 41 fois moindre, et en une heure, double du résultat précédent. On est donc amené à multiplier 58 par 2, et à diviser le produit 116 par 41. On trouve ainsi $2^c,83$, ou 28 millimètres 3 dix^s.

273. S'il y a $26^m,15$ de pente sur 233000 mètres, pour un mètre il y aura 233000 fois moins. On divisera donc le premier nombre par le second. Le quotient est $0^m,00011$, ou 11 centièmes de millimètre.

274. Si on ajoute du cuivre au titre légal, ce sera $\frac{1}{10}$ sur le tout, ou $\frac{1}{9}$ de l'argent. Or, $\frac{1}{9}$ de 185,625 est 20,625, ce qui donne un total de $276^{kil},25$, ou 276250 grammes. A raison de 5 grammes par franc, ou en divisant ce poids par 5, on trouve 41250 francs.

275. On cherchera d'abord combien de fois le poids total $496^{gr},774$ contient $6^g,45161$; le quotient donnera le nombre de pièces de 20 francs que l'on pourrait faire; et en multipliant par 20 on aura le nombre total de francs, ou 1540 fr. De plus, s'il y a une pièce de 20 fr. contre 3 de 40, c'est que sur 7 pièces de 20 fr. il en reste une, et que les 6 autres sont changées en trois pièces de 40 fr. Donc le nombre des pièces de 20 fr. forme le 7e de la somme totale 1540 fr., ou 220 fr., nombre qui, divisé par 20, donne 11 pour le nombre des pièces de 20 fr. Donc il y aura le triple, ou 33 pièces de 40 fr. On reconnaît d'ailleurs que 11 fois 20 et 33 fois 40 font 1540 fr.

276. Si 3 mètres de rails pèsent 99^k,33, un mètre pèsera 3 fois moins ou 33^k,11 ; d'où 146 kil. ou 146000 mètres pèseront 146000 fois autant. De plus, comme il y a 4 lignes, il faudra quadrupler le produit ; ce qui donne un total de 19336240 kil.

277. Si 100 litres contiennent 1975260 grains, un seul litre en contiendra 100 fois moins, ou 19752,60 ; et 3^l,25 en contiendront 19752,60, multipliés par 3^l,25. Le produit est 64196. La considération du poids ne sert que pour la question suivante.

278. Puisque 1975260 grains pèsent 75 kil., ou 75000 gr., un gramme en contiendra 75000 fois moins, et 2^{gr},75 en contiendront 2,75 fois plus. Il faudra donc multiplier 1975260 par 2,75, et diviser ce produit par 75000 ; ce qui donne 73 grains, 4 dix^s.

279. Il faut évidemment diviser la longueur 40000000^m par 360, nombre des degrés de la circonférence. On aura ainsi 111111^m,111 pour la valeur d'un degré. En divisant celui-ci par 60, on aura 1851^m,85 pour la valeur d'une minute ; et celle-ci par 60 donnera 30^m,86 pour une seconde.

280. On multipliera 1851^m,85, valeur d'une minute ou d'un mille, par 83,5 ; ce qui donnera 154629^m,475. Puis divisant par 1000, on trouve en kilomètres 154^k,629475.

281. Même procédé. On multipliera par 622,75, et l'on reculera la virgule de 4 rangs vers la gauche. — Résultat : 115^{myr},32396.

282. En multipliant 1197 par 4000 mètres, valeur de la lieue, on aura cette valeur en mètres ; et il est clair qu'il faut diviser le produit par 1851^m,85, valeur du mille, pour avoir l'équivalent en milles. — Résultat : 2585 milles et $\frac{1}{2}$.

283. Il faut évidemment multiplier 1609,29 par 380,75. Le produit est 612737 mètres, ou en kilomètres 612^k,737.

284. Autant de milles que le nombre 735 $\frac{4}{5}$, ou 735,5 multiplié par 1609,29, contient de fois le nombre 1851,85, valeur du mille marin. Le quotient de la division est 639 milles, 4 dix^s.

285. On multipliera 1851,85 par 365,7, et l'on divisera par 1609,29. — Résultat : 420,8.

286. Il résulte de l'énoncé, que le yard valant 36 doigts, un doigt vaut la 36e partie de 915 millimètres. Donc, 49 yards 2 pieds 5 doigts, ou 1793 doigts, vaudront 1793 fois autant. Donc il faut multiplier 915 millimètres par 1793, et diviser le produit par 36. Le résultat est 45572 millimètres, qu'on change en mètres en séparant 3 chiffres par une virgule.

287. Même procédé. On multipliera 915 par 1190,5, nombre des doigts, et l'on divisera par 36. — Résultat : 10^m,1285.

288. Même procédé. — Résultat : 563^m,9768.

289. Autant de yards que 1000 mètres contiennent 0^m,915. La division donne 1092^y,896. On changera en pieds la partie décimale en la multipliant par 3, ce qui donne 2^p,688, ou 2 pieds et une partie décimale qu'on change en doigts en la multipliant par 12 ; d'où 8,256, ou 8 doigts et $\frac{1}{4}$ environ.

290. Même procédé qu'au n° précédent. — Résultat : 93^y 0^p 1^d.

291. Même procédé. — Résultat : 6^y 1^p 10^d.

292. Même procédé. — Résultat : 0^y 1^p 4^d,73.

293. Autant de yards que 1609^m,29 contiennent 0^m,915. Le quotient de la division est 1758, avec une partie décimale de yard qu'on changera en pieds et en doigts, comme ci-dessus (289). — Résultat : 1758^y 2^p 4^d,3.

294. La pression étant de 1040 gr. par centimètre carré, est 100 fois plus grande, ou 104000 pour un décimètre carré, qui vaut 100 centimètres. Donc, pour 95 déc., il faut multiplier 104000 grammes ou 104 kilogr. par 95. Le produit est 9880 kilogr.

295. Puisque le poids est de 1054 gr. par décimètre, il est de 10540 par mètre. Donc il faut multiplier ce dernier nombre par 7^m,18. — Produit : 75^{kil},677.

296. Les 1000 bouteilles vaudront 100 fois $\frac{3}{4}$, ou 75 litres. Si 2^h,22 ou 222 litres ont payé 24 fr., un seul litre payera 222 fois moins, et 75 litres 75 fois plus. Donc il faut multiplier 24 par 75, et diviser par 222. — Résultat : 8^f,11.

297. La différence des prix est 708 fr. pour 1^h,77, ou 177 ares, ou 17700 mètres carrés. Donc on gagne par mètre le quotient de 708^f, divisé en 17700 parties égales; ce qui donne 0^f,04.

298. Même procédé. Sur les 303 ares, on a perdu 599^f,08; donc, par are, 599,08 divisés par 303, ou 1^f,977.

299. Ce poids est les 917 millièmes du poids total. Il faut donc prendre les 0,917 de 7^{gr},98055, ou multiplier ce nombre par 0,917. Le produit est 7^g,318444.

300. En prenant les 900 millièmes, ou les 9 dixièmes de 6^g,45161, on a 5^{gr},80645 pour l'or contenu dans la pièce de 20 fr. Donc, pour un franc, il y aurait 20 fois moins, ou 0^g,2903225 (en divisant par 20). Donc la livre st. vaudra autant de francs que 0,2903225 sera contenu dans l'or de la livre st., ou dans 7^{gr},318444. Divisant ce nombre par 0,2903, on trouve pour quotient et valeur de la livre 25^f,208.

QUESTIONS SUR LES PROPORTIONS.

301. On a la proportion :
$$26^m,21 : 100^m \ :: \ 31^f,25 : x^f ;$$
d'où $\qquad x = 31,25 \times 100,$
divisés par $\qquad 26,21 = 118^f,32.$

302. On a la proportion :
$$23^f,65 : 500^f \ :: \ 8^m,50 : x ;$$
d'où $\qquad x = 177^m,47.$

303. On a la proportion : $\quad 4^m_4 : 45^m \ :: \ 3^f,25 : x ;$
d'où $\qquad x = 36^f,56.$

304. Après avoir changé les heures en minutes, on a la proportion : $\quad 125^m : 1440^m \ :: \ 68^k : x ;$
d'où $\qquad x = 593^k,5.$

305. De 6^h,35 à 7^h,43, il y a 68 minutes ; et de 6^h,35 à midi 32 min., il y a 357 minutes ; d'où la proportion :
$$68^m : 357^m \ :: \ 36^k : x. \qquad x = 189 \text{ kil.}$$

306. On a parcouru les 61 kil. en 108 min.; d'où la proportion : $\quad 61^k : 231^k \ :: \ 108^m : x^m \qquad x = 409 \text{ min.}$
On reconnaît aisément que cela conduit à 4^h 19^m du soir.

307. Réduisant les heures en minutes, on a la proportion : $\quad 188^m : 720^m \ :: \ 2^f,58 : x^f \qquad x = 9^f,766.$

308. Réduisant en minutes, on a la proportion :
$$1440^m : 88^m \ :: \ 21^f,35 : x. \qquad x = 1^f,305.$$

309. On a d'abord la proportion :
$22^f : 1000^f \ :: \ 24^h : x^h \qquad x = 1090^h,909.$ Puis, en divisant par 10,5, on trouve pour quotient 103,9 ou 103 journées de 10^h $\frac{1}{2}$, et 9 dixièmes, ou près de 104.

310. On reconnaît d'abord que les 650 fr. de houille

ont fourni à la consommation de 618^h,125; d'où la proportion :   618^h,125 : 24^h :: 650^f : $x = 25^f$,26.

311. En changeant 2° 58^m en minutes, ce qui donne 178′ et 3 jours en 72 heures, on a la proportion :
72^h : 20^h :: 178′ : x. $x = 49,444$,   ou 49 minutes de degré, plus une fraction décimale qui, multipliée par 60, donne 26 secondes $\frac{2}{3}$.

312. On a la proportion : 365^j,242 : 28^j,35 :: 360 : x.
$x = 27°,94...$ 27° 56^m 24 sec.

313. On change d'abord les 13° 10′ 35″ tout en sec., ce qui donne 47435 secondes. D'ailleurs 360° valent 1296000 sec. On aura donc la proportion :
47435 : 1296000 :: 24^h : x^h. $x = 656^h$ environ ; et en divisant par 24, on a 27^j,32.

314. En remarquant que 24 h. valent 1440 min., on a la proportion :
2,5 : 1440 :: 176 : x. $x = 101376^l = 1013^{hect}$,16.

315. En changeant de même les heures en minutes, nous avons la proportion :
1440^m : 318^m :: 1103^h,45 : x. $x = 243^h$,68.

316. On a la proportion :
21^a,35 : 100^a :: 45^h : x^h. $x = 215^h$,46, qui, divisés par 8, donnent pour des journées de huit heures 26^j,93.

317. Changeant le temps en heures, on a la proportion :
100^a : 7^a,11 :: 531^h : x. $x = 37^h$,7541, ou 37 heures 45 minutes environ.

318. On change d'abord 2 journées $\frac{1}{2}$ de travail à 8 heures en 20 heures, et les 31 jours en 248 heures ; puis on a la proportion :
20^h : 248^h :: 9^a,25 : x. $x = 115^a$,94.

319. On a immédiatement la proportion :
100^a : 11^a,22 :: 753^b : x. $x = 84^b$,49.

320. On a la proportion :

$$27^h : 12^h,1 :: 94^f,15 : x. \quad x \quad 42^f,19.$$

321. On a la proportion :

$$155^f,10 : 1200^f :: 3^h,21 : x. \quad x = 24^h,8356, \text{ ou } 2483$$

litres et demi environ.

322. On a la proportion : $\quad 33^j : 180^j :: 82630^k : x.$
$x = 450709,1$. En divisant ce nombre de kilogrammes par 159, poids d'un sac, on a pour le nombre des sacs $2834^s,65$.

323. Si, au lieu de 2210 h., la garnison en comprenait 3315, la consommation précédente augmenterait dans le même rapport ; d'où la proportion :

$$2210 : 3315 :: 2834^s,6 : x. \quad x = 4252 \text{ sacs environ.}$$

324. On a d'abord pour dépense à 48 fr. le cent, ou à $0^f,48$ la botte, 188 fois 0,48 ou $90^f,24$; d'où la proportion :
$15^s : 35^s :: 90^f,24 : x. \quad x = 210^f,56.$ Le nombre des chevaux de l'écurie ne fait rien à la question.

325. Une semaine de 7 jours équivaut à 7 fois 24 ou 168 heures ; d'où la proportion :

$$5^h : 168^h :: 7^m : x. \quad x = 235^m,2 = 3^h 55^m 12^s.$$

326. Changeant d'abord les deux temps en minutes, on a la proportion :

$$335^m : 1440^m :: 8 : x. \quad x = 34 \text{ min. } 23 \text{ sec.}$$

327. Autrement : Si le retard est de 185 secondes en 502 min., de combien sera-t-il après 4320 min.? D'où la proportion :

$$502 : 4320 :: 185 : x. \quad x = 1592 \text{ sec., ou } 26^m 32^s.$$

328. Autrement : Si elle retarde de $9^m,75$ en 1440 minutes, de combien retardera-t-elle en 695 minutes ? D'où la proportion : $1440 : 695 :: 9,75 : x. \quad x = 4^m,7.$ Il faut donc de $11^h 35^m$ retrancher $4^m,7$, et il reste $11^h 30^m,7$, ou $30^m 18^s$.

529. D'après l'énoncé, en 2 h. et $\frac{1}{2}$ elles diffèrent de 5 minutes. De combien différeront-elles en 8ʰ· 55ᵐ· ? Changeant les heures en minutes, on a la proportion :

$$150^m : 535^m :: 5 : x. \quad x = 17^m,833\ldots = 17^m\cdot 50^s.$$

550. Le retard s'élevant à 22 min., tandis qu'il est de 3 min. par heure, on a la proportion :

$$3 : 22 :: 1 : x. \quad x = 7^h,333.$$ Donc la montre a été réglée sur l'horloge 7ʰ· et $\frac{1}{3}$, ou 7ʰ· 20ᵐ· avant 11ʰ· 42ᵐ·; donc, en prenant la différence, il était 4ʰ· 22ᵐ·.

551. On a 204 kil. de pain dans le premier cas; d'où la proportion :

$$204 : 12000 :: 157 : x. \quad x = 9235 \text{ environ.}$$

552. On a la proportion :

$$1305^{lit.} : 10000^l :: 141^k : x. \quad x = 1080^k,46.$$

533. Si le seigle coûtait 2 fois, 3 fois, 11 fois moins que le blé, il en faudrait donner 2 fois, 3 fois, 11 fois *plus*, comme équivalent. Donc il y a ici proportion *inverse*; et l'on a :

$$13,05 : 18,15 :: 85 : x,$$

proportion dans laquelle le nombre cherché est plus grand que 85 hect. de blé, comme le prix du blé est plus grand que celui du seigle. On en tire $x = 118$ hect. environ. Tel est le volume de seigle qu'on donnera pour 85 hect. de blé.

554. Plus *grand* devient le nombre des passagers, et plus *petite* doit être la ration de chacun. Il y a donc proportion inverse. Si au lieu de 47 hommes on en a 64, on devra écrire la proportion $64 : 47 :: 1225 : x$; car le quatrième terme devant être plus petit que le troisième, le second doit être plus petit que le premier. Telle est la considération qui doit décider de l'ordre des termes. On en tire $x = 894^{gr.},44$.

335. On reconnaît également une proportion inverse. Le nombre des passagers devient *moindre*; d'où la ration des autres *plus* considérable. On écrira donc :

$$137^h : 170^h :: 920^{gr} : x. \quad x = 1141^{gr},6.$$

336. Nous commençons par chercher la ration journalière des 123 chevaux dans le premier cas. Elle est la 31e partie de 11429 bottes, ou 368,7 environ. Au lieu de 123 chevaux il y en aura 148, dont chacun devra consommer *moins* en raison du *plus grand* nombre. C'est donc une proportion inverse, et l'on a

$$148 : 123 :: 368 : x;$$

d'où $x = 306,4$, Divisant ces 306 bottes entre les 148 chevaux, on trouve pour chacun 2,07, ou un peu plus de 2 bottes par jour.

337. On ajoute 65 à 11429, ensemble 11494 bottes. La ration sera augmentée dans le rapport direct de 11429 à 11494, et deviendra plus grosse. On l'aura par la proportion :

$$11429 : 11494 :: 2,07 : x. \quad x = 2,082.$$

338. Il est clair qu'il faut prendre une longueur d'autant moindre que la largeur voulue est plus considérable; donc les longueurs que l'on compare seront en rapport inverse des largeurs. La longueur inconnue étant moindre que celle donnée, on voit que les termes devront être disposés dans l'ordre suivant :

$$15 : 10,11 :: 27,15 : x. \quad x = 18^m,2991$$

pour la nouvelle longueur.

339. Le nouveau temps de travail étant *moindre*, il faudra *plus* d'ouvriers; il y a donc rapport et proportion inverse; d'où :

$$37 : 82 :: 207 : x. \quad x = 463$$

ouvriers et une fraction.

340. L'ouvrage est ici directement proportionnel au nombre des ouvriers ; d'où la proportion :

$$15 : 36 :: 225,30 : x. \quad x = 540^m, 72.$$

341. Il faudra d'autant *moins* de temps que les nouveaux ouvriers sont *plus* nombreux pour faire le même ouvrage ; d'où la proportion inverse :

$$106 : 33 :: 52 : x. \quad x = 16^j, 2.$$

342. Le nouveau prix sera plus considérable que l'ancien dans le rapport du prix d'un mètre à l'huile au prix d'un mètre en détrempe ; d'où la proportion directe :

$$1,25 : 3,25 :: 55 : x. \quad x = 143 \text{ francs.}$$

343. Pour le même prix total, on aura d'autant *moins* de papier, et l'on pourra couvrir d'autant moins de mètres que le nouveau prix sera *plus* considérable que l'ancien ; d'où la proportion inverse :

$$2,70 : 1,25 :: 44 : x. \quad x = 20^m, 37.$$

344. Si l'on gagne 15 centimes par fagot, on gagnera 625 fois 15 cent., ou $93^f, 75$ en tout. Or, on a d'abord la proportion :

$$1000 : 625 :: 79,4 : x. \quad x = 49^f, 625.$$

Ainsi les 625 fagots ont coûté $49^f, 625$; ajoutant à ce nombre ce qu'on doit gagner, on a $143^f, 375$ pour le prix de revente.

345. On cherche d'abord le prix de 12 mètres par la proportion :

$$225 : 12 :: 307^f, 20 : x. \quad x = 16^f, 384.$$

Donc il faudra les vendre 5 fr. de plus, ou $21^f, 384$ la douzaine. Pour connaître le prix de revente du tout, on aura cette seconde proportion :

$$12 : 225 :: 21^f, 384 : x. \quad x = 400^f, 97.$$

346. On a la proportion simple et directe :

$$107 : 2304,13 :: 43,25 : x. \quad x = 930^f, 69.$$

347. On a la proportion directe :

$$241^{h.} : 100^{h.} :: 911 : x. \qquad x = 318^{f.},01.$$

348. On a la proportion :

$$10^{gr.} : 2521^{gr.} :: 0,45 : x. \qquad x = 113^{f.},465.$$

349. On a la proportion :

$$\tfrac{7}{9} : \tfrac{11}{32} :: 24 : x.$$

On multipliera $\tfrac{11}{32}$ par 24, et l'on divisera par $\tfrac{7}{9}$, selon les règles ordinaires du calcul des fractions. On trouve :

$$x = 10^{j},6.$$

350. On a la proportion :

$$\tfrac{8}{21} : 0,625 :: 31 : x.$$

On multipliera les deux moyens comme à l'ordinaire, et l'on divisera par la fraction $\tfrac{8}{21}$. On trouve : $x = 50^{j},86.$

351. Autrement : Si l'on a employé 44 heures à faire les $\tfrac{14}{45}$ d'un ouvrage, combien de temps emploiera-t-on à faire les $\tfrac{7}{10}$ des $\tfrac{3}{4}$, ou les $\tfrac{21}{40}$ du même ouvrage? D'où la proportion

$$\tfrac{4}{45} : \tfrac{21}{40} :: 44 : x \qquad x = 26^{j},0 \text{ heures, ou } 32^{j},5 \text{ de}$$

8 h. chacun.

352. On a la proportion :

$$0,435 : 1 :: \tfrac{7}{11} : x. \qquad x = 1,4629,$$

c'est-à-dire le temps tout entier, plus les 4629 dix-millièmes de ce temps.

353. On sait que 4° Réaumur équivalent à 5° centigrades; d'où la proportion :

$$5 : 4 :: 35°,4 : x \qquad x = 28°,33 \text{ Réaumur.}$$

354. Même procédé. On a la proportion :

$$5 : 4 :: 89°,7 : x. \qquad x = 71°,76.$$

355. On a la proportion :

$$4 : 5 :: 17,3 : x. \qquad x = 21°,62.$$

356. On a la proportion :

$$4 : 5 :: \tfrac{7}{8} : x. \qquad x = \tfrac{35}{32} = 1°,094.$$

357. On a la proportion :

$$4^m,9044 : 4000^m :: 1^s : x. \quad x = 815'',6 = 13^{min},35^s,6.$$

358. Dix minutes et demie valant 630 secondes, on a la proportion :

$$1'' : 630'' :: 4,9044 : x. \quad x = 3089^m,77.$$

359. On remplace, dans la proportion précédente, le terme 630 sec. par 86400, valeur de 24 h. en secondes, et l'on arrive à

$$x = 2542441^m, \text{ ou } 635 \text{ lieues environ.}$$

360. En multipliant 591 par 4000^m, on a la proportion

$$4,9044 : 6364000 :: 1 : x. \quad x =$$

un nombre de secondes qui, réduit en minutes, heures et jours, donne $15^j 34^h 19^m$.

361. On change d'abord 8 min. 37 sec. en 517 secondes, et 24 heures en 86400, puis on a la proportion :

$$517 : 86400 :: 915 : x. \quad x = 152913.$$

362. Changeant encore les deux temps en secondes, on a la proportion :

$$86400 : 14117 :: 82300 : x. \quad x = 13447 \text{ oscill.}$$

363. Puisqu'il y a rapport inverse, et que la pression est plus grande dans le second cas, on aura la proportion :

$$0,762 : 0,689 :: 2^l,411 : x. \quad x = 2^l,09.$$

364. On a la proportion également inverse :

$$0,751 : 0,762 :: 2^l,09 : x. \quad x = 2^l,123.$$

365. En prenant le dernier résultat pour point de départ, on a la proportion :

$$3^l : 2^l,123 :: 0,751 : x. \quad x = 0^m,5307.$$

366. On a encore la proportion inverse analogue :

$$0,810 : 0,751 :: 2,143 : x. \quad x = 1^l,966.$$

367. On a, en partant du résultat qui précède, la proportion :

$$0,002 : 0,810 :: 1,966 : x. \quad x = 796^l,23.$$

368. Il est évident que pour avoir une quantité de sel 2 fois, 3 fois…15 fois moindre, dans chaque unité de volume, il faut que l'eau dissolvante soit en quantité 2 fois, 3 fois…15 fois plus considérable; donc les masses d'eau doivent être en rapport inverse des quantités de sel dissoutes. Or, on a $4^k,253$, ou 4253 grammes d'eau salée, qui contiennent 835 de sel, ce qui laisse pour l'eau seule la différence de ces 2 nombres, ou 3418 gr.; ce qui fournit la proportion inverse :

$$785 : 835 :: 3418 : x. \qquad x = 3635,7.$$

Il y aura donc 3636 gr. d'eau pour la seconde dissolution. Ce qu'il faut ajouter, comme la question le demande, est la différence de ce nombre à la quantité d'eau primitive 3418, ou 218 grammes environ.

369. Même marche que dans le cas précédent. En retranchant 63 du volume total primitif 236 litres, ce qui donne 173 litres, on a la proportion inverse :

$$25 : 63 :: 173 : x; \qquad d'où \ x = 436.$$

Donc il faut ajouter la différence avec 173, ou 263 litres d'eau.

370. Même marche que dans les deux cas qui précèdent. On est conduit à la proportion :

$$15 : 102 :: 752 : x. \qquad x = 5113^{gr},6.$$

Retranchant de ce nombre le cuivre primitif 752, on a, pour ce qu'il fallait ajouter, $4361^{gr},6$ de cuivre.

371. Il est évident que, pour couvrir une même étendue, les largeurs doivent être doubles, triples, quintuples, pour des longueurs 2 fois, 3 fois, 5 fois plus petites. Les largeurs sont donc en raison inverse des longueurs. On aura donc la proportion inverse :

$$\tfrac{7}{8} : \tfrac{5}{4} :: 17,50 : x; \qquad d'où \ x = 25 \text{ mètres.}$$

372. Même raisonnement et même marche. On a la proportion :

$$0,75 : 1,10 :: 9,55 : x. \qquad x = 14^{m}.,007.$$

373. Mêmes principes. On en tire la proportion inverse :

$$36 : 33,15 :: 1,25 : x: \qquad x = 1^{m}.,151.$$

374. Comme dans les cas précédents. On a la proportion inverse :

$$0,85 : 0,75 :: 13,35 : x. \qquad x = 11^{m}.,78.$$

375. Les longueurs doivent être encore en rapport inverse des largeurs; d'où la proportion inverse :

$$\tfrac{5}{6} : \tfrac{11}{12} :: 71,25 : x. \qquad x = 117^{m}.,562.$$

376. Même procédé. Proportion inverse :

$$0,625 : 0,820 :: 32 : x. \qquad x = 41^{m}.,948.$$

377. Même procédé. Proportion inverse :

$$0,95 : 1,18 :: 53,15 : x. \qquad x = 66^{m}.,018.$$

378. Même procédé. Proportion inverse :

$$121 : 62,15 :: 1,08 : x. \qquad x = 0^{m}.,555.$$

379. Les quantités en poids qui donneront les mêmes quantités de chaleur sont en raison inverse des puissances calorifiques propres aux deux substances. On aura donc la proportion inverse :

$$6000 : 2600 :: 360 : x. \qquad x = 156 \text{ kil. de houille.}$$

380. Puisqu'à prix égal et à poids égal les chaleurs produites sont $:: 2600 : 6000$, pour une même quantité de chaleur, le bois, qui produit moins, devra être en quantité d'autant plus considérable; d'où la proportion inverse :

$$2600 : 6000 :: 100 : x. \qquad x = 230^{f}.,77.$$

381. On trouve d'abord par des multiplications que les 49 pages du manuscrit contiennent chacune 1376 lettres, et chaque page imprimée 1008 lettres. Or, il y aura d'autant plus de pages d'impression que ces pages contiennent moins de lettres; d'où cette proportion inverse entre les nombres des lettres et ceux des pages :

$$1008 : 1376 :: 49 : x. \qquad x = 66^p,9.$$

381 (*bis*). On multipliera d'abord 46 par 21, ce qui donnera le nombre de litres équivalent à 1344 kil. de poudre. Le produit est 966 litres. La proportion suivante donnera le nombre de litres composant 2044 kilogr. :

$$1344 : 2044 :: 966 : x. \qquad x = 1367^l,4.$$

Or, ce nombre de litres doit être contenu dans des barils d'une contenance de 69 litres. Il faudra donc autant de barils que le nombre 1367,4 contient de fois 69. La division donne 291,21, ou un peu plus de 21 barils.

382. On a évidemment la proportion directe :

$$2,36 : 56,38 :: 1,75 : x. \qquad x = 41^m,808.$$

383. Comme dans le cas précédent. On a la proportion :

$$1,950 : 51,35 :: 1,75 : x. \qquad x = 48^m,57.$$

384. On a de même la proportion :

$$2,01 : 10,33 :: 1,67 : x. \qquad x = 8^m,58.$$

385. On a la proportion :

$$2,33 : 43,11 :: 3,07 : x. \qquad x = 56^m,80.$$

386. On a la proportion :

$$66,41 : 2,81 :: 39,10 : x. \qquad x = 1^m,654.$$

387. Changeant d'abord les hectolitres en décalitres, on considère que les quantités de décalitres qui donnent un prix équivalent sont évidemment en rapport inverse du prix du décalitre de chaque espèce; d'où la proportion :

$$32,5 : 160 :: 0,41 : x. \qquad x = 0^l,2018.$$

388. Même principe. D'où la proportion inverse entre

les poids et les prix, en remarquant qu'à 0,25 le $\frac{1}{2}$ kil. de pruneaux, le kil. coûte 0,50 :

$$16,3 : 6,25 :: 0,50\ x. \quad x = 0^f,1917,$$

589. Même principe. D'où proportion inverse :

$$3^f,80 : 1,30 :: 328 : x. \quad x = 112 \text{ bouteilles 2 dix}^s.$$

390. Même principe. D'où proportion inverse :

$$225 : 122 :: 2,80 : x. \quad x = 5^f,25, \text{ prix d'une peau.}$$

591. On a la proportion :

$$20 : 49 :: 21 : x. \quad x = 51,45.$$

Il faut changer en shillings la partie décimale de livre, ce qui se fait en la multipliant par 20, et ce qui donne 9 tout juste. Donc 49 guinées valent 51 livres sterling et 9 shillings.

592. Puisque 20 guinées valent 21 livres sterling, on a la proportion :

$$20 : 52,75 :: 21 : x. \quad x = 55,3875, \text{ ou } 55 \text{ liv. sterl.,}$$

et une partie décimale qui, traitée à l'ordinaire, donne 7 shillings et 9 pence.

593. On changera d'abord les 11 shillings et 6 pence en fraction décimale de la livre sterling, ce qui donne 138 pence, ou $0^{li},575$. Puis on a la proportion :

$$21^{li} : 85^{li},575 :: 20^g : x. \quad x = 81 \text{ guinées et } \frac{1}{2}.$$

594. Mêmes opérations. On a la proportion :

$$21 : 24,4125 :: 20 : x. \quad x = 23 \text{ guin. et } \frac{1}{4}.$$

595. On a ici une série de proportions.

1° Si au lieu de 21 liv. on a 13 liv., au lieu de 20 guinées on aura le quatrième terme de la proportion :

$$21 : 13 :: 20 : x. \quad x = 12,381.$$

Tel est le nombre de guinées correspondant à 13 liv. ou à 60 dollars. Changeons maintenant 41 dollars en guinées par la proportion :

$$60 : 41 :: 12,381 : x. \quad x = 9^g,46035.$$

3

Tel est le nombre de guinées équivalant à 41 dollars ou à 222^f,63.

Enfin, pour savoir ce que vaudront 112 guinées $\frac{3}{4}$, nous avons la proportion :

$$8,46035 : 112,75 :: 221,63 : x. \quad x = 2966^f,97.$$

396. On a d'abord cette première proportion, qui suppose égales les journées de marche :

$$176^k : 729^k :: 5^j,5 : x. \quad x = 22,7812.$$

Il faudrait donc 22 jours et une fraction, si la journée de marche était la même ; mais si elle *diminue* dans le rapport de 9^h à 7^h,5, il faudra d'autant *plus* de jours de marche. Il faut donc modifier par une proportion inverse le nombre qu'on vient de trouver ; on aura :

$$7,5 : 9 :: 22,7812 : x. \quad x = 27^j,34.$$

397. Nous pourrions procéder d'une manière analogue pour cette question et les suivantes ; mais nous appliquerons la méthode des *équivalents*, qui nous conduira à une proportion unique.

Le premier groupe d'ouvriers travaille pendant 7 fois 10 ou 70 heures, et il fabrique 725^m,35 de long sur 1^m,45 de large. On aurait pour équivalent une longueur de 725^m,35 × 1^m,45 sur un mètre de large seulement ; et un seul ouvrier, travaillant pendant 70 heures, ferait 46 fois moins de travail que les 46 ouvriers pendant le temps donné, ou $\frac{725,35 \times 1,45}{46}$. On trouve de même que le second système revient au travail d'un seul ouvrier, qui, dans le temps inconnu, ferait un travail représenté par $\frac{2320 \times 1,15}{216}$. Or, les quantités de travail étant proportionnelles aux durées, en appelant x le nombre d'heures du second travail, on a la proportion :

$$\frac{725,35 \times 1,45}{46} : \frac{2320 \times 1,15}{216} :: 70^h : x^h.$$

Le calcul du quatrième terme donne un nombre d'heures

qui, divisé par $8^h \cdot 35^m$ (en changeant les heures en minutes), valeur d'une journée de travail dans le second cas, conduit à 4 jours 13 centièmes.

598. On trouve d'abord que le premier bloc de pierre revient, pour le volume et le poids, à un autre bloc qui aurait une longueur représentée par le produit des trois nombres $0^m,85 \times 0^m,75 \times 0^m,42$ sur un mètre de large et un mètre d'épaisseur. De même le bloc de bois revient à un autre bloc qui, avec un mètre de largeur et d'épaisseur, aurait une longueur représentée par le produit des trois dimensions $1^m,18 \times 1^m,05 \times 0^m,61$. Si ces deux substances avaient le même poids à volume égal, les poids des deux blocs seraient proportionnels à leurs volumes ou à leurs longueurs; mais comme la pierre pèse 10 quand le bois pèse 3, ou l'une 10 fois le poids de l'unité, et l'autre 3 fois ce poids, le premier volume doit être multiplié par 10, et le second par 3, pour être ramenés à leurs poids respectifs, s'ils étaient de même matière, savoir, celle dont l'unité de volume ou de longueur pèserait un. Dans ce cas, les poids absolus des deux blocs seront proportionnels à leurs volumes ; donc on aura le poids du premier bloc par la proportion suivante :

$$1,18 \times 10,5 \times 0,61 \times 3 : 0,85 \times 0,75 \times 0,42 \times 10 :: 533 : x;$$

d'où $\qquad x = 629^{kil},41.$

599. Comme dans le cas précédent, le drap sera représenté par une longueur de $27^m,18 \times 1,75$ sur un mètre de largeur. De même la toile sera représentée par une longueur de $102,35 \times 1,25$ sur une largeur d'un mètre. En supposant que la toile coûtât autant que le drap à qualité égale, on aurait pour prix de la toile dont il s'agit le quatrième terme de la proportion :

$$27,18 \times 1,75 : 102,35 \times 1,25 :: 625^f,55 : x.$$

Mais la toile et le drap étant entre eux pour les prix, toutes choses égales d'ailleurs, comme 3 : 49, cela revient à dire que la toile ne vaut que les $\frac{3}{49}$ de ce qu'elle vaudrait si elle était du drap, ou qu'après avoir calculé la valeur de x dans la proportion précédente, on en prendra les $\frac{3}{49}$; ce qui se fait en multipliant par 3 et divisant par 49. — Le résultat est de $102^m,85$. Nous aurions pu, comme dans le cas précédent, considérer le drap comme coûtant 49 fois, et la toile comme coûtant 3 fois autant qu'une certaine étoffe qui coûterait un ; ce qui nous eût conduits à multiplier la longueur du drap par 49, et celle de la toile par 3. Il est aisé de reconnaître que dans le calcul du quatrième terme cela eût introduit un multiplicateur 3 dans le produit des moyens, et un facteur 49 dans l'extrême qui sert de diviseur. Le résultat serait donc le même.

400. On cherchera d'abord, par une première proportion, de combien la première avance sur la seconde en $8^h \cdot \frac{1}{2}$ ou 510 minutes, si elle avance de 7 minutes en 12 heures ou en 720 minutes :

$$720 : 510 :: 7 : x. \qquad x = 4^m \cdot \frac{23}{24}.$$

Ainsi, quand la seconde dit $8^h \cdot 30^m$, la première dit $8^h \cdot 34' \frac{23}{24}$. Mais puisque dans le même temps la seconde retarde sur la troisième de $4'$, ou, ce qui revient au même, la troisième avance de $4'$ sur la seconde quand celle-ci dit $8^h \cdot 30'$, la troisième dit $8^h \cdot 34'$; et alors il se trouve que la troisième retarde sur la première de $\frac{23}{24}$ de min. en $8^h \cdot 34' \frac{23}{24}$ de la première ; ou autrement, que quand la première marche de $510' \frac{23}{24}$, la seconde marche de $510'$ seulement. Donc quand la première marchera de $5^h \cdot 36'$ ou $336'$, la deuxième parcourra un chemin qui sera évidemment le quatrième terme de cette seconde proportion :

$$510' \frac{23}{24} : 510 :: 336 : x,$$

ou, en réduisant au même dénominateur les deux premiers termes : $\frac{12263}{24} : \frac{12230}{24} :: 336 : x$;

ou , ce qui revient au même :

$$12263 : 12240 :: 336 : x;$$

d'où $\qquad x = 335^{\text{m}} \, 22^{\text{s}} = 5^{\text{h}} \, 35^{\text{m}} \, 22^{\text{s}}.$

Ainsi, quand la première marquera $5^{\text{h}} \, 36'$, la seconde marquera $5^{\text{h}} \, 35' \, 22^{\text{s}}.$

QUESTIONS D'INTÉRÊT ET D'ESCOMPTE.

401. On a évidemment la proportion :

$100 : 171000 :: 6 : x.$ $\quad x = 10260$ fr.

402. On a la proportion :

$100 : 52300 :: 4 : x.$ $\quad x = 2092^{\text{f}}.$

403. On a la proportion :

$100 : 65104 :: 4,5 : x.$ $\quad x = 2929^{\text{f}},68.$

404. On a la proportion :

$100 : 908,15 :: 7 : x.$ $\quad x = 63^{\text{f}},57.$

405. On a la proportion :

$100 : 843925 :: 2,5 : x.$ $\quad x = 21098^{\text{f}},17$

406. On a la proportion :

$5,25 : 2508 :: 100 : x.$ $\quad x = 47771^{\text{f}},43.$

407. On a la proportion :

$6,75 : 85 :: 100 : x.$ $\quad x = 1259^{\text{f}},26.$

408. On a la proportion :

$3,75 : 8750 :: 100 : x.$ $\quad x = 233333^{\text{f}},33.$

409. On a la proportion :

$7,40 : 999 :: 100 : x.$ $\quad x = 13500$ fr.

410. On a la proportion :

$91040 : 100 :: 5205 : x.$ $\quad x = 5,72.$

411. On a la proportion :

$32800 : 100 :: 18400 : x.$ $\quad x = 5,61.$

412. On a la proportion :

$600 : 100 :: 80 : x.$ $\quad x = 13,33.$

413. On a la proportion :

$$100 : 225400 :: 3,5 : x. \qquad x = 7889.$$

414. On a la proportion :

$$83200 : 100 :: 3840 : x. \qquad x = 4,615 \text{ p. } 100.$$

415. On a la proportion :

$$164500 : 100 :: 8711 : x. \qquad x = 5,295 \text{ p. } 100.$$

416. On a la proportion :

$$122540 : 100 :: 13200 : x. \qquad x = 10,77 \text{ p. } 100.$$

417. En faisant l'addition des trois sommes payées, on a 10140 fr. pour le revenu, duquel il faut déduire les 4122 fr. d'entretien annuel, ce qui donne 6018 fr. de revenu net ; d'où la proportion :

$$89520 : 100 :: 6018 : x. \qquad x = 13^r,42 \text{ p. } 100 \text{ net.}$$

418. On a la proportion :

$$3220 : 100 :: 148,15 : x. \qquad x = 4^r,60 \text{ p. } 100.$$

419. Les 13 actions valant 6500, on a la proportion :

$$6500 : 100 :: 297,11 : x. \qquad x = 4,57 \text{ p. } 100.$$

420. On a la proportion :

$$11500 : 100 :: 1200 : x. \qquad x = 10^r,43 \text{ p. } 100.$$

421. On a la proportion :

$$5100 : 100 :: 650 : x. \qquad x = 12,74 \text{ p. } 100.$$

422. On a la proportion :

$$3,80 : 8425 :: 100 : x. \qquad x = 221710^r,52.$$

423. On a la proportion :

$$3,15 : 635 :: 100 : x. \qquad x = 20158^r,73.$$

424. On a la proportion :

$$23502 : 100 :: 635 : x. \qquad x = 2,70 \text{ p. } 100.$$

425. On a la proportion :

$$11 : 1650 :: 100 : x. \qquad x = 15000 \text{ fr.}$$

426. On a la proportion :

$$15,5 : 912,10 :: 100 : x. \qquad x = 5884^r,21.$$

427. On a la proportion :

$117,55 : 43600 :: 5 : x.$ $x = 1854^f,53.$

428. On a la proportion :

$87,55 : 65000 :: 5 : x.$ $= 3712,17.$

429. On a la proportion :

$101,20 : 1720 :: 5 : x.$ $x = 84^f,98.$

430. On a la proportion :

$55,20 : 103240 :: 3 : x.$ $x = 5610^f,87.$

431. On a la proportion :

$61,80 : 42200 :: 3 : x.$ $x = 2065^f,25.$

432. On a la proportion :

$71^f,50 : 941 :: 3 : x.$ $x = 39^f,48.$

433. On a la proportion :

$100 : 6540 :: 4,5 : x.$ $x = 294^f,30.$

434. On a la proportion :

$100 : 22240 :: 4,5 : x.$ $x = 1000^f,80.$

435. On a la proportion :

$100 : 1750 :: 4,5 : x.$ $x = 78^f,75.$

436. On a la proportion :

$5 : 2240 :: 88,50 : x.$ $x = 39648.$

437. On a la proportion :

$5 : 6900 :: 101,50 : x.$ $x = 140070.$

438. On a la proportion :

$5 : 13200 :: 122,30 : x.$ $x = 322872.$

439. On a la proportion :

$5 : 21 :: 91,05 : x.$ $x = 382,41.$

440. On a la proportion :

$2224 : 5 :: 41000 : x.$ $x = 92,17.$

441. On a la proportion :

$9720 : 5 :: 198000 : x.$ $x = 101,85.$

442. On a la proportion :

$1820 : 3 :: 43000 : x.$ $x = 70,88.$

443. On a la proportion :
$$360 : 3 :: 7500 : x. \qquad x = 62,50.$$

444. On a la proportion :
$$615 : 4,5 :: 11500 : x. \qquad x = 84,15.$$

445. On a la proportion :
$$950 : 4,5 :: 22500 : x. \qquad x = 106,58.$$

446. On a la proportion :
$$9500 : 5 :: 216200 : x. \qquad x = 113,79.$$

447. On a la proportion :
$$113,79 : 5 :: 100 : x. \qquad x = 4,394.$$

448. On a la proportion :
$$121,50 : 5 :: 100 : x. \qquad x = 4,115.$$

449. On a la proportion :
$$63,60 : 5 :: 100 : x. \qquad x = 7,862.$$

450. On a la proportion :
$$6 : 100 :: 5 : x. \qquad x = 83,33.$$

451. On a la proportion :
$$4,5 : 100 :: 5 : x. \qquad x = 111,11.$$

452. On a la proportion :
$$5,5 : 100 :: 3 : x. \qquad x = 54,545.$$

453. On cherchera d'abord la rente de 96420 placés à 108,50, par la proportion suivante :
$$108,50 : 96420 :: 5 : x. \qquad x = 4443,318.$$
Puis on revendra cette rente au cours de 112,84 par la proportion $5 : 4443,318 :: 112,84 : x$, qui donne $x = 100276,10$. La différence entre ce second capital et le premier, 96420, est 3856^f,10. Telle est donc l'augmentation du capital primitif.

454. Même procédé et deux proportions analogues. On en tire, pour l'accroissement du capital, 574^f,08.

455. Même procédé et mêmes proportions. On trouve, pour accroissement du capital, la somme de 75^f,80.

456. Même procédé et mêmes proportions ; seulement on trouve un second capital moindre que le premier ; la différence, qui est une perte, monte à 16433^r,46.

457. Comme dans le cas précédent. La différence est une (perte) de 1119^r,36.

458. Comme dans le cas précédent, en substituant dans les deux proportions le nombre 3 au nombre 5. La différence (perte) est 2014^r,63.

459. Nous cherchons d'abord le capital acquis par la vente de la première rente. C'est le 4° terme de la proportion : 5 : 9604 :: 87,60 : x. $x = 168262,08$. Puis on place ce capital au cours de 79,30, ce qui donne une rente qui est le 4° terme de cette seconde proportion :

79,30 : 168262,08 :: 5 : x. $x = 10609,21$.

Retranchant de cette seconde rente la première 9604, on a pour différence le nombre 1005^r,21, qui répond à la question.

460. Comme dans le cas précédent. On trouve qu'on a gagné sur la rente 8^r,27.

461. On cherche d'abord, comme au n° 447, quel est le tant pour 100 qui correspond au cours de 91,15, et l'on trouve 5,485. Puis on cherche de même quel est celui qui répond au cours de 72,50 ; et l'on trouve 6,896. La différence entre ces deux résultats, ou l'augmentation du taux, est 1,411.

462. Comme dans le cas précédent. La différence des résultats des deux proportions est 1,465.

463. Même procédé, en substituant dans les proportions le nombre 3 au nombre 5. On trouve 1,198.

464. On cherche d'abord l'intérêt simple de ce capital par la proportion :

100 : 254600 :: 4,5 : x. $x = 11457$.

3.

On triplera ce résultat pour 3 ans; puis on en prendra le 6e pour 2 mois, qui sont $\frac{1}{6}$ de l'année; puis pour 15 jours, qui sont le $\frac{1}{4}$ de 2 mois, on prendra $\frac{1}{4}$ de ce dernier résultat. Additionnant ces 3 nombres, on trouve pour total 36757^f,90.

465. On a d'abord l'intérêt pour un an par la proportion :

$$100 : 19300 :: 4 : x. \qquad x = 772.$$

On multipliera ce résultat par 7; puis pour 8 mois, qui sont les $\frac{2}{3}$ de l'année, on en prendra les $\frac{2}{3}$; puis pour 20 jours, qui sont la 18e partie de 360 j., on en prendra $\frac{1}{18}$. La somme de ces divers résultats donne 5923.

466. On cherche d'abord l'intérêt pour l'année par la proportion : $100 : 91245 :: 5,75 : x. \qquad x = 5246,59.$

Pour 8 mois on prendra les $\frac{2}{3}$ de cette valeur, et pour 7 jours les $\frac{7}{360}$. L'addition de ces deux résultats donne 3599^f,74.

467. On cherchera l'intérêt pendant un an par la proportion :

$$100 : 818 :: 6 : x. \qquad x = 49,08.$$

Pour 25 jours on en prendra les $\frac{25}{360}$; ce qui donne 3^f,408.

468. On cherchera l'intérêt d'un an par la proportion : $100 : 208400 :: 3,5 : x. \qquad x = 7294.$ On multipliera ce résultat par 12, et l'on en prendra de plus $\frac{2}{360}$ pour 2 jours. La somme des deux résultats est 87568,52.

469. On aura d'abord l'intérêt d'un an par la proportion :

$$100 : 5,5 :: 69500 : x. \qquad x = 3822,50.$$

On multipliera ce résultat par 10 pour 10 ans. Pour 10 mois on prendra les $\frac{10}{12}$, et pour 10 jours $\frac{1}{36}$. La somme de ces trois résultats est 111016,60.

470. Chaque année, 100 fr. rapportant 6, il s'agit de

savoir en combien d'années la répétition du nombre 6
donnerait 100; et il est évident que pour cela il faut diviser 100 par 6. Le quotient est 16 $\frac{2}{3}$, ou 16 ans 8 mois.
Un capital 200 donnant un intérêt double, il est mani-
feste qu'il faudrait exactement le même temps pour par-
venir à la valeur du capital. En général, le temps est le
même, quel que soit le capital; le même pour 12000 que
pour 100. Il n'y a pas ici de proportion à faire.

471. En raisonnant comme dans le cas précédent, on
voit qu'il faut chercher combien de fois 3 donnent 100,
ou diviser 100 par 3. Le quotient est 33 $\frac{1}{3}$, ou 33 ans
4 mois.

472. Cherchons ce que le capital 100 rapporterait au
bout de 6 ans 8 mois 13 jours, au taux de 6 p. 100. D'a-
bord, en 6 ans, il rapporterait 36; pour 8 mois de plus,
ou 2 tiers d'année, il rapporterait les $\frac{2}{3}$ de 6, ou 4. Enfin,
en 13 jours, il rapporterait treize 360es de 6, ou 0,2166;
ensemble 40^f,2167. Cela posé, nous avons évidemment
la proportion :

$$40^f,2167 : 9422 :: 100 : x. \qquad x = 23525^f,59.$$

473. Même procédé. En 9 mois 21 jours, ou 291 jours,
on aura, pour intérêt de 100, les $\frac{291}{360}$ de 7,5, ou 6,06256.
D'où la proportion :

$$6,0625 : 6211 :: 100 : x. \qquad x = 102449,49.$$

474. Même marche que dans les deux cas précédents.
On a la proportion :

$$19,172 : 649 :: 100 : x. \qquad x = 3385,10.$$

475. Même marche que dans le cas précédent. On a la
proportion :

$$70,6417 : 5220 :: 100 : x. \qquad x = 7389.$$

476. On cherche d'abord combien 100 aurait rapporté

dans le même temps; ce qui se fait par la proportion :

$$35201 : 100 :: 5208 : x. \qquad x = 14{,}766.$$

Or ce rapport correspond à autant d'années qu'il contient de fois 4 $\frac{1}{2}$, ou 4,5. La division donne 3ᵃ,2813. On change la partie décimale en mois, en la multipliant par 12, et la partie décimale du nouveau produit en jours, en la multipliant par 30. Résultat : 3 ans, 3 mois, 14 jours.

477. Même marche que dans le cas précédent. On arrive à 673 jours, ou 1 an, 10 mois, 13 jours.

478. Même procédé. On arrive à 3 ans, 3 mois, 12 jours.

479. Même procédé que dans les cas qui précèdent. On a la proportion : 87 : 100 :: 142 : x. $\qquad x = 163{,}22$. On divise ce nombre par 8. Le quotient est 20,4025, ou 20ᵃ,4ᵐ,25ʲ.

480. On changera d'abord 7 ans, 2 mois, 13 jours en 2593 jours, et on cherchera combien 100 rapporteraient dans le même temps, par la proportion :

$$49205 : 100 :: 16322 : x. \qquad x = 33{,}17.$$

Si tel est le revenu de 100 en 2593 jours, quel serait-il en 360 j.? C'est ce que l'on connaîtra par la proportion :

$$2593 : 360 :: 33{,}17 : x. \qquad x = 4{,}605 \text{ p. } 100.$$

481. Même marche que dans le cas précédent. Le résultat des deux proportions donne pour taux 5,70.

482. Même procédé. — Résultat : 5,20 p. 100 par an.

483. Même procédé. On a d'abord la proportion :

30600 : 100 :: 10,20 : x. $\qquad x = 0{,}0333$, puis la seconde proportion : 3 : 360 :: 0,0333... : x. $\qquad x = 4$ p. 100.

484. Il ne s'agit que de chercher, selon le mode ordinaire, ce que rapportent 322425 pendant un an ; ajouter cette rente au capital, chercher la rente de la somme résultante pendant un an, ajouter ce second résultat au second capital, puis chercher encore la rente au bout d'un an de la somme résultante, et ainsi de suite d'année en année. Si l'on a 5 ans de placement, on aura cinq proportions de ce genre. On trouve ainsi dans le cas actuel 392279 fr.

485. Même marche que dans le cas précédent. On a d'abord : $100 : 77040 :: 8,50 : x$. $x = 6548,40$, valeur qui, ajoutée à 77040, donne 83588,40, capital qu'on place au commencement de la seconde année, et qui rapporte le quatrième terme de la proportion :

$$100 : 83588,40 :: 8,50 : x. \quad x = 7105,014,$$

nombre que nous ajoutons à 83588,40. Il en résulte 90693,414, capital de la troisième année. On aura pour troisième proportion :

$$100 : 90693,414 :: 8,5 : x. \quad x = 7708,94;$$

ajoutant cet intérêt au troisième capital, on a pour le résultat cherché le nombre 98402^f,35.

486. Même marche que dans les cas précédents. — Résultat : 143524^f,23.

487. Même marche que dans les cas précédents, pour trouver le résultat de la composition des intérêts pendant 6 ans. Il faudra ensuite ajouter les intérêts pour 5 mois 9 jours ou 159 jours, en prenant les $\frac{159}{360}$ de l'intérêt trouvé pour une année. La somme des deux résultats donne pour le nombre cherché 26783,58.

488. Même marche. On calcule le résultat pour 2 ans; et on lui ajoute pour 11 mois 15 jours, ou 345 jours, les $\frac{345}{360}$ ou les $\frac{23}{24}$ de l'intérêt trouvé pour un an. La somme résultante est 50196,75.

489. Même marche. Au bout d'un an, on a pour intérêt le quatrième terme de la proportion :

$$100 : 1100 :: 7 : x. \quad x = 77,$$

ce qui donne pour nouveau capital 1177 fr. Plaçant

celui-ci pendant un an, on lui trouve pour intérêt le quatrième terme de la proportion :

$$100 : 1177 :: 7 : x. \qquad x = 82,39.$$

Mais comme 1177 n'est placé que pendant 10 mois 25 j., ou 325 jours, il ne faut prendre que les $\frac{325}{360}$ de 82,39, ou, si l'on veut, le quatrième terme de la proportion :

$$360 : 325 :: 82,39 : x. \qquad x = 74,38.$$

Ajoutant ce nombre à 1177, on a pour le nombre cherché 1251,38.

490. Cherchons d'abord ce que la somme 100 devient, au bout de 5 ans, dans les mêmes circonstances. On le trouve au moyen de cinq proportions successives, comme dans les cas précédents, et dont la première est inutile, puisqu'il est clair qu'au bout de la première année la somme 100 vaut 104. La seconde proportion est :

$$100 : 4 :: 104 : x. \qquad x = 4,16,$$

qu'on ajoute à 104, ce qui donne 108,16 pour le capital, à placer au commencement de la troisième année. Continuant ces calculs, on trouve pour valeur composée de 100, après 5 ans, le nombre 121,665. Cela posé, il est clair qu'il y a même rapport entre 100 et sa valeur composée, qu'entre le capital inconnu et sa valeur composée 38206. Ce capital sera donc le quatrième terme de la proportion :

$$121,665 : 100 :: 38206 : x. \qquad x = 31402,60.$$

491. Même marche que dans le cas précédent. On arrive à la proportion :

$$119,10 : 100 :: 90425 : x. \qquad x = 75922,57.$$

492. Même procédé. On parvient au résultat :

$$x = 57009,85.$$

493. Même procédé au moyen de onze proportions. On arrive à $x = 57723,69.$

494. Même procédé que dans les cas précédents, la

question étant la même, quoique sous une forme qui semble différente. On arrive par dix proportions au résultat $x = 36830,57$.

495. Même procédé. On arrive par six proportions au résultat $x = 1842,95$.

496. Même marche qu'au n° 487. — Le résultat est 2415,18.

497. Même procédé. — Résultat : 4646,05.

498. Même procédé. — Résultat : $38^f,27$.

499. On cherche d'abord ce que vaudrait la somme 100 placée à intérêts composés pendant 3 ans et 165 jours. On trouve 114,55. Alors on a la proportion suivante pour trouver le capital inconnu :

$$114,55 : 604 :: 100 : x. \qquad x = 527^f,88.$$

500. En cumulant les intérêts de 100 fr. pendant 14 ans, on trouve $197^f,95$. L'intérêt de cette somme pendant la 15e année serait $9^f,90$. Or, pour faire 200 fr. ou le double du capital primitif, il ne faut que $2^f,05$. Cette valeur correspond à une partie d'année, dont on trouvera la valeur en jours par la proportion suivante :

$$9,90 : 2,05 :: 360 : x. \qquad x = 74^j,5 \text{ — ou 2 m. } \tfrac{1}{2}.$$

Ainsi c'est après 14 ans 2 mois $\tfrac{1}{2}$ que le capital 100 a acquis la valeur 200. — Il en serait de même pour tout autre capital. Car si le capital 100 donne en 14 ans environ une somme d'intérêts égale à lui-même, un capital 15 fois plus grand, par exemple, peut être considéré comme composé de 15 capitaux égaux, dont chacun serait doublé en 14 ans ; donc il est clair que leur ensemble serait doublé dans ce temps. Ainsi le temps nécessaire pour doubler un capital est indépendant de sa valeur, mais dépend évidemment du taux de l'intérêt ; et, quel que soit celui-ci, on fera le calcul de la même manière par des opérations successives qui approcheront de la somme double, et que l'on complète par la proportion ci-dessus. On opérerait d'une manière analogue pour tripler un capital, et ainsi de suite pour les autres multiples ; seulement les opérations sont plus nombreuses et le calcul fort long. Il existe d'ailleurs des méthodes et des formules pour abréger tous les calculs sur l'intérêt composé.

501. On a d'abord l'intérêt de 355 fr. par la proportion :

$$100 : 355 :: 5,5 : x. \qquad x = 19,525.$$

Retranchant ce nombre du montant du billet, on a, pour sa valeur réduite ou escomptée, $335^f,475$.

502. Une somme de 100 fr. valant au bout d'un an 105,50 ; celle-ci, escomptée une année d'avance, se réduirait donc à 100. D'après ce rapport, le montant du billet 355 se réduira à une somme qui sera le quatrième terme de la proportion :

$$105,50 : 100 :: 355 : x. \qquad x = 336^f,493.$$

503. On a d'abord l'intérêt de 1361 par la proportion :

$$100 : 1361 :: 4,50 : x. \qquad x = 61,25.$$

Retranchant cette somme de 1361, on a, pour la valeur du billet escompté en dehors, $1299^f,75$.

504. La somme 100 fr. vaudrait au bout d'un an 104,50, un billet de 104,50 se réduirait à 100 par l'escompte fait un an d'avance ; d'où, comme ci-dessus, la proportion suivante, qui donne la valeur du billet réduit :

$$104,50 : 100 :: 1361 : x. \qquad x = 1302,29.$$

Telle est la somme qui sera donnée par le banquier.

505. On cherche d'abord l'intérêt de 100 fr. pendant 5 mois 13 jours, ou 163 jours, à 8 p. 100 par an, ou en 360 jours, au moyen de la proportion suivante :

$$360 : 163 :: 8 : x. \qquad x = 3,6222.$$

Si tel est l'intérêt de 100 fr. jusqu'à l'échéance du billet, on aura celui du billet 1153 par la proportion suivante :

$$100 : 1153 :: 3,6222 : x. \qquad x = 41^f,7641.$$

Retranchant du montant du billet, il reste pour celui-ci, valeur escomptée, 1111^f,24.

506. On a déjà trouvé l'intérêt de 100 pour le temps de l'échéance, époque à laquelle 100 vaudraient 103,6222. On aura donc, comme dans les cas analogues qui précèdent, la proportion :

$$103,6222 : 100 :: 1153 : x. \qquad x = 1112^f,70.$$

Telle est la valeur réduite du billet.

507. On cherche d'abord l'intérêt de 100 pour 2 ans 4 mois 7 jours, ou 847 jours, par la proportion :

$$360 : 847 :: 4,5 : x. \qquad x = 10,5875.$$

Puis on aura la seconde proportion :

$$100 : 654 :: 10,5875 : x. \qquad x = 69,24225.$$

Retranchant de 654, on aura, pour la valeur réduite du billet escompté en dehors, 584^{f}76.

508. On vient de trouver l'intérêt de 100 pour le temps qui court jusqu'à l'échéance ; de sorte qu'alors 100 fr. vaudraient 110,5875 ; d'où la seconde proportion :

$$110,5875 : 100 :: 654 : x. \qquad x = 591,37.$$

509. On cherche d'abord l'intérêt de 100 pour 7 mois 2 jours, ou 212 jours, par la proportion :

$$360 : 212 :: 6,25 : x. \qquad x = 3,68055.$$

Puis vient la seconde proportion :

$$100 : 2055 :: 3,68055 : x. \qquad x = 75,6354.$$

Retranchant de 2055, il reste 1979^f,37 pour la valeur du billet escompté en dehors.

510. D'après ce qui précède, 100 fr. vaudraient à l'échéance 103,68055. On aura donc la seconde proportion :

$$103,68055 : 100 :: 2055 : x. \qquad x = 1982^f,05.$$

511. On aura l'intérêt de 100 en 11 jours par la proportion :

$$360 : 11 :: 7 : x. \qquad x = 0,21388 \qquad \text{ou} \qquad 0,2139.$$

Puis on a comme ci-dessus la seconde proportion :

$$100 : 928 :: 0,2139 : x. \qquad x = 1,985.$$

Retranchant de 928, on a 926^f,015 pour le billet escompté.

512. On reconnaît, d'après ce qui précède, qu'on doit avoir la proportion :

$$100,2139 : 100 :: 928 : x. \qquad x = 926,02.$$

513. A 0,75 par mois, cela revient à 12 fois 0,75, ou 9 pour 100 par an. On cherchera d'abord l'intérêt de 100 pour 13 mois 25 jours, ou 415 jours, par la proportion :

$$360 : 415 :: 9 : x. \qquad x = 10,375.$$

Puis l'intérêt du billet par la proportion :

$$100 : 1125 :: 10,375 : x. \qquad x = 116,72.$$

Différence avec 1125, ou valeur du billet escompté, 1008^f,28.

514. D'après ce qui précède, on aura la proportion :

$$110,375 : 100 :: 1125 : x. \qquad x = 1019,26.$$

515. A 0,60 par mois, cela revient à 7,20 par an. On aura l'intérêt de 100 pour 47 jours par la proportion :

$$360 : 47 :: 7,20 : x. \qquad x = 0,94.$$

L'intérêt du billet sera le quatrième terme de la proportion :

$$100 : 2052 :: 0,94 : x. \qquad x = 19,29.$$

On aura 2052 moins 19,29, ou 2032,71, pour la valeur du billet escompté.

516. D'après ce qui précède, on aura la proportion :

$$100,94 : 100 :: 2052 : x. \qquad x = 2032,89,$$

valeur du billet escompté en dedans.

517. A 0,50 p. 100 par mois, ou 30 jours, on aura

sans proportion, pour 6 jours, le cinquième de cette valeur, ou 0,10 pour l'intérêt de 100 jusqu'à l'échéance;
d'où la proportion :

$$100 : 28,10 :: 0,10 : x. \qquad x = 0,0281.$$

La valeur du billet escompté sera donc 28^f,0719.

518. D'après ce qui précède, on aura la proportion :

$$100,10 : 100 :: 28,10 : x. \qquad x = 28,071928.$$

La différence avec le billet escompté en dedans ne va pas
à $\frac{1}{100}$ de centime.

519. A raison de $\frac{1}{4}$ ou 0,25 par semaine de 7 jours,
on aura l'intérêt de 100 pour 9 jours par la proportion :

$$17 : 9 :: 0,25 : x. \qquad x = 0,3214;$$

d'où la seconde proportion :

$$100 : 53,20 :: 0,3214 : x. \qquad x = 0,171.$$

Le billet escompté sera donc 53^f,029.

520. D'après ce qui précède, on aura la proportion :

$$100,3214 : 100 :: 53,20 : x. \qquad x = 53,02956.$$

521. D'après l'énoncé, le billet a perdu par l'escompte
24 fr. pour 7^m 6^j, ou 216 jours. On trouvera ce que la
somme 100 aurait perdu dans le même temps par la proportion :

$$975 : 100 :: 24 : x \qquad x = 2,4615.$$

Puis on trouvera ce que 100 payeraient dans une année
par cette seconde proportion :

$$216 : 360 :: 2,4615 : x. \qquad x = 4,103.$$

Tel est le taux demandé.

522. La somme 975 s'étant réduite à 951, on trouvera quelle somme se réduirait à 100 dans les mêmes circonstances, au moyen de la proportion :

$$951 : 975 :: 100 : x. \qquad x = 102,5236.$$

Donc on aurait 2,5236 pour l'intérêt de 100 fr. pendant
les 206 jours; car c'est de 100, plus des intérêts de 100,

que se compose la somme réductible 102,5236, comme on peut le reconnaître dans tout ce qui précède. Or, si 100 rapportent 2,5236 en 216 jours, on aura son rapport pendant l'année, ou le taux, par la proportion :

$$216 : 360 :: 2,5236 : x. \qquad x = 4,206.$$

523. Même marche et mêmes proportions qu'au n° 521. Le résultat cherché est 22,17 p. 100.

524. Même procédé qu'au n° 522. On a d'abord la proportion :

$$1241,25 : 1267 :: 100 : x. \qquad x = 102,0745.$$

Donc l'intérêt de 100 pendant 33 jours est de 2,0745. Pour savoir ce qu'il est à l'année, on a la proportion :

$$33 : 360 :: 2,0745 : x. \qquad x = 22,62.$$

525. On trouve d'abord l'intérêt de 100 pour 26 jours par la proportion :

$$13,50 : 100 :: 0,08 : x. \qquad x = 0,59259.$$

Si tel est l'intérêt de 100 pendant 26 jours, on aura l'intérêt à l'année par la proportion :

$$26 : 360 :: 0,59259 : x. \qquad x = 8,205.$$

526. D'après ce qui précède, on aura la proportion :

$$13,42 : 13,50 :: 100 : x. \qquad x = 100,596.$$

Puis on a la proportion :

$$26 : 360 :: 0,596 : x. \qquad x = 8,252.$$

527. Même procédé qu'au n° 525. — On arrive ainsi au taux pour l'année. Prenant le 12ᵉ de ce taux, on a celui d'un mois, qu'on trouve 0,576998.

528. Même procédé qu'au n° 526. On arrive de la même manière, et en divisant le résultat par 12, à 0,5779.

529. Le billet a perdu 33ᶠ,75, qui sont l'intérêt de 1140 fr. On trouvera quel serait l'intérêt de 100 fr. pendant le même temps, par la proportion :

$$1140 : 100 : 33,75 : x. \qquad x = 2,9605.$$

Or, 100 rapportent 7 par an; en combien de temps rapporteraient-ils 2,9605 ? C'est ce qu'on trouve par la proportion :

$$7 : 2,9605 :: 360 : x. \qquad x = 152,25. \text{ 152 j. environ.}$$

550. Dans le système de l'escompte en dedans, les $33^r,75$ perdus par le billet 1140 fr., ce qui le réduit à $1106^r,25$, sont l'intérêt de cette dernière somme 1106,25. Or, dans ce cas, quel serait l'intérêt de 100 pendant le même temps? C'est ce que l'on trouvera par la proportion : $1106,25 : 100 :: 33,75 : x.$ $x = 3,0508.$ Mais si la somme 100 rapporte 7 par an, en combien de temps rapporte-t-elle 3,0508 ? C'est ce qu'on apprend par la proportion : $7 : 3,0508 :: 360 : x.$ D'où $x = 157$ jours environ. Le billet était à une échéance de 157 jours.

551. Même marche et mêmes proportions qu'au n° 529. Le résultat est 318 jours environ.

552. Même marche et mêmes proportions qu'au n° 530. Le résultat est 332 jours.

553. Même marche qu'au n° 529. Résultat : 173 jours d'échéance.

553 (*bis*). Même marche qu'au n° 530. Résultat : 178 jours d'échéance.

554. Même marche qu'au n° 529. Résultat : 561 jours d'échéance.

555. Même marche qu'au n° 530. Résultat, 629 jours d'échéance.

556. Si $5^r,25$ est l'intérêt de 100 pour un an, un billet de 100 fr., escompté à un an d'échéance, se réduirait à 100 fr. moins $5^r,25$, ou $94^r,75$. Or, il est clair qu'il y a même rapport entre le billet cherché et le billet réduit à 1329, qu'entre le billet de 100 fr. et ce même billet réduit à 94,75. D'où la proportion :

94,75 : 1329 :: 100 : x. $x = 1402^f,64$.

Telle était la valeur primitive du billet.

537. Puisque 100 fr. rapportent 5,25 en un an, un billet de 105,25, escompté un an d'avance, se réduirait à 100 fr. On a donc évidemment la valeur primitive du billet cherché par la proportion :

100 : 105,25 :: 1329 : x. $x = 1398,77$.

Telle était la valeur du billet escompté en dedans.

538. Mêmes raisonnements qu'au n° 536, en réduisant préalablement le temps en jours. On cherchera d'abord quel serait l'intérêt de 100 pour 11 mois 13 j., ou 343 j., par la proportion :

360 : 343 :: 5,75 : x. $x = 5,47847$.

Donc, à l'échéance, un billet de 100 fr. serait réduit de cette valeur, et ne vaudrait plus que 94,52153. On aura la valeur primitive du billet réduit à 3266, par la proportion :

94,52153 : 100 :: 3266 : x. $x = 3455^f,29$.

539. Après avoir cherché, comme on vient de le faire d'abord, quel serait l'intérêt de 100 pour l'échéance 343 j., et trouvé 5,47847, on considérera que, dans le système de l'escompte en dedans, un billet actuel 100 vaudrait, à l'échéance, 105,47847, et qu'un tel billet à échéance se réduirait à 100 par l'escompte. On aura donc, comme au n° 538, la proportion :

100 : 105,47847 :: 3266 : x. D'où $x = 3445,41$.

Telle était la valeur primitive du billet.

540. Comme au n° 538, en réduisant 5 m. 22 j. en 172 j. Le résultat est 854^f,67.

541. Comme au n° 539. Le résultat est 853^f,42.

542. Même marche qu'au n° 528; en remarquant préalablement que 0,55 par mois reviennent à 6,60 par an.

Tel est le taux donné. A partir de là, on procède comme ci-dessus, et l'on obtient pour résultat 216^f,09.

543. Comme au n° 539. Le résultat est 216,046.

544. Même marche qu'au n° 538, en remarquant que le taux à 0,90 par mois revient à 10,80 par an. Le résultat est 6,0958.

545. Même marche qu'au n° 539. Le résultat est 6,036.

546. On cherchera d'abord quel serait l'intérêt de 100 pour 13 jours, au moyen de la proportion :

$$7 : 13 :: 0,40 : x. \qquad x = 0,757.$$

Donc une somme primitive de 100 fr. perdrait 0,757, et ne vaudrait que 99,243. Or il y a évidemment même rapport entre un billet primitif 100 et sa valeur réduite par l'escompte, qu'entre le billet primitif cherché et sa valeur réduite 93,50. D'où la proportion :

$$99,243 : 100 :: 93,50 : x. \qquad x = 94,213.$$

547. D'après la première proportion ci-dessus, on reconnaît qu'une somme actuelle 100 vaudrait 100,757 à l'échéance, ou qu'un billet de 100,757 se réduirait par l'escompte à 100. Le billet primitif sera donc le quatrième terme de la proportion :

$$100 : 100,757 :: 93,50 : x. \qquad x = 94,208.$$

548. On trouve d'abord ce que devient le billet escompté en dedans par la proportion :

$$106 : 100 :: 901 : x. \qquad x = 850.$$

Or, ce que devient un billet de 100 fr. escompté en dehors un an d'avance est 100 fr. moins 6 fr., valeur de son escompte que l'on en retranche ; soit 94 fr. Il s'agit donc de trouver quelle est la somme qui, réduite comme 100 à 94, devient 850 comme le billet ci-dessus. C'est évidemment le quatrième terme de la proportion :

$$94 : 100 :: 850 : x. \qquad x = 904^f,255.$$

Un billet de cette valeur, escompté en dehors, donne la même valeur réduite qu'un billet de 901, escompté en dedans un an avant l'échéance et à 6 p. 100.

549. On cherchera d'abord l'intérêt de 100 pour 9 mois 20 jours, ou 290 jours, si l'on a $4^f,50$ par an. Ce sera le quatrième terme de la proportion :

$$360 : 290 :: 4,50 : x. \quad x = 3,625.$$

On rentre dès ce moment dans la marche précédente. On a la première proportion :

$$103,625 : 100 :: 2025 : x. \quad x = 1954,16164,$$

valeur réduite du billet escompté en dedans. Pour trouver l'équivalent par l'escompte en dehors, nous remarquerons que 100 rapportant 3,625, un billet de 100 fr. escompté en dehors se réduirait à 100 moins 3,625, ou 96,375. On aura donc, comme ci-dessus, la proportion :

$$96,375 : 100 :: 1954,16164 : x. \quad x = 2027,69.$$

Telle est la valeur du billet, qui, escomptée en dehors, donnerait la même valeur réduite que le billet de 2025 escompté en dedans.

550. On cherchera d'abord l'intérêt de 100 pendant 67 jours, ce qu'on aura par la proportion :

$$360 : 67 :: 4,5 : x. \quad x = 0,8375.$$

On escomptera ensuite le billet en dehors par la proportion ordinaire $100 : 3100 :: 0,8375 : x$, dans laquelle x est l'intérêt du billet 3100, qu'on retranchera de 3100 pour avoir la valeur du billet escompté. A cette proportion on peut, comme nous l'avons fait dans le cas précédent, et comme on peut toujours le faire, en substituer une autre qui donne immédiatement la valeur du billet réduit, en y introduisant la valeur réduite d'un billet 100 diminué de son intérêt 0,8375, ou 99,1625. La proportion est : $100 : 99,1625 :: 3100 : x. \quad x = 3074,0375.$

Pour avoir le billet qui, escompté en dedans, donnerait la même valeur, nous considérons qu'un billet de 100 fr. vaudrait à l'échéance 100,8375, d'après le calcul précédent; donc un billet de 100,8375 à l'échéance vaudrait 100 actuellement. On aura par la proportion suivante le billet dont la valeur réduite donnerait la somme qu'on vient de trouver :

$$100 : 100,8375 :: 3074,0375 : x. \quad x = 3099,78.$$

Tel est le montant d'un billet qui, escompté en dedans, donne la même valeur réduite qu'un billet de 3100 fr. escompté en dehors.

QUESTIONS DE RÉPARTITION.

551. On fait la mise totale 49425 en additionnant les trois mises particulières, et l'on fait autant de proportions que d'associés, d'après ce principe, que le bénéfice ou la perte de chaque associé est dans le même rapport avec le bénéfice total ou la perte, que la mise particulière de chacun avec la mise totale; ce qui nous fournit, dans le cas actuel, les trois proportions suivantes :

$$49425 : 11000 :: 13302 : x. \quad x = 2960,485$$
$$49425 : 17000 :: 13302 : x. \quad x = 4575,295$$
$$49225 : 21425 :: 13302 : x. \quad x = 5766,219$$

Ensemble.... 13301,999

552. Même procédé. — On a les trois proportions :

$$3596 : 2500 \quad :: 1142,10 : x. \quad x = 794,01$$
$$3596 : 491,25 :: 1142,10 : x. \quad x = 155,99$$
$$3596 : 604,75 :: 1142,10 : x. \quad x = 192,07$$

Ensemble.... 1142,07

4

553. Même procédé. — On a les deux proportions:

$$18603: \quad 903::2122:x. \qquad x = \quad 103,003$$
$$18603:17700::2122:x. \qquad x = 2018,997$$

Ensemble.... 2122,000

554. Même procédé. — On a les quatre proportions:

$$33148: \quad 720::11208:x. \qquad x = \quad 243,45$$
$$33148: \quad 1800::11208:x. \qquad x = \quad 608,61$$
$$33148: \quad 3128::11208:x. \qquad x = 1057,64$$
$$33148:27500::11208:x. \qquad x = 9298,30$$

Ensemble.... 11208,00

555. Même procédé. — On a les quatre proportions:

$$2811,40: \quad 600 \quad ::332:x. \qquad x = \quad 70,85$$
$$2811,40: \quad 900 \quad ::332:x. \qquad x = 106,28$$
$$2811,40:1300 \quad ::332:x. \qquad x = 153,51$$
$$2811,40: \quad 11,40::332:x. \qquad x = \quad 1,34$$

Ensemble.... 331,98

556. Même procédé. — On a les quatre proportions:

$$29322,50:11000 \quad ::3,52:x. \qquad x = 1,313$$
$$29322,50:18000 \quad ::3,52:x. \qquad x = 2,166$$
$$29322,50: \quad 300 \quad ::3,52:x. \qquad x = 0,036$$
$$29322,50: \quad 22,50::3,52:x. \qquad x = 0,0027$$

Ensemble.... 3,5177

557. Même procédé. — On a les cinq proportions:

$$53590: 8750::21240:x. \qquad x = \quad 2922,63$$
$$53590: 9010::21240:x. \qquad x = \quad 3009,47$$
$$53590:13000::21330:x. \qquad x = \quad 4342,19$$
$$53590:15750::21240:x. \qquad x = \quad 5260,73$$
$$53590:17080::21240:x. \qquad x = \quad 5704,97$$

Ensemble.... 21239,99

558. Même procédé. — On a les cinq proportions :

$$2340,45: 160 \quad ::401,20:x. \quad x = 27,43$$
$$2340,45: 220 \quad ::401,20:x. \quad x = 37,71$$
$$2340,45: 355 \quad ::401,20:x. \quad x = 60,85$$
$$2340,45: 603,45::401,20:x. \quad x = 103,44$$
$$2340,45:1002 \quad ::401,20:x. \quad x = 171,78$$

Ensemble.... 401,21

559. Même procédé. — On a trois proportions pour répartir la perte :

$$53300: 8700::13300:x. \quad x = 2170,92$$
$$53300:17350::13300:x. \quad x = 4329,36$$
$$53300:27250::13300:x. \quad x = 6799,72$$

Ensemble.... 13300,00

560. Même procédé. — On a les quatre proportions :

$$966: 90::106,15:x. \quad x = 9,89$$
$$966:150::106,15:x. \quad x = 16,48$$
$$966:220::106,15:x. \quad x = 24,18$$
$$966:506::106,15:x. \quad x = 55,60$$

Ensemble.... 106,15

561. Même procédé. — On a les quatre proportions :

$$12770:2500::945,10:x. \quad 185,02$$
$$12770:3000::945,10:x. \quad 222,03$$
$$12770:3220::945,10:x. \quad 238,31$$
$$12770:4050::945,10:x. \quad 299,74$$

Ensemble.... 945,10

562. Même procédé. — On a les trois proportions :

$$943,50:520,00::640:x. \quad x = 352,73$$
$$943,60:412,00::640:x. \quad x = 279,47$$
$$943,50: 11,50::640:x. \quad x = 7,80$$

Ensemble.... 640,00

563. Même procédé. — On a les trois proportions :

$$1634:625::11,55:x. \qquad x = 4,42$$
$$1634:973::11,55:x. \qquad x = 6,89$$
$$1634: 34::11,55:x. \qquad x = 0,24$$

Ensemble.... 11,55

564. Même procédé. — On a les quatre proportions :

$$1093: 25::63,20:x. \qquad x = 1,445$$
$$1093: 34::63,20:x. \qquad x = 2,197$$
$$1093:180::63,20:x. \qquad x = 10,408$$
$$1093:850::63,20:x. \qquad x = 49,149$$

Ensemble..... 63,199

565. Même procédé. — On a les trois proportions :

$$13636840:6502400::794020:x. \qquad x = 378609,39$$
$$13636840:5030200::794020:x. \qquad x = 292888,92$$
$$13636840:2104240::794020:x. \qquad x = 122521,71$$

Ensemble.... 794020,02

566. Même principe de répartition que lorsqu'il s'agit d'un partage d'argent. — On a les quatre proportions suivantes, dans lesquelles la somme des quatre populations particulières est une mise totale :

$$2009800:421400::2900:x. \qquad x = 608,05$$
$$2009800:375200::2900:x. \qquad x = 541,39$$
$$2009800:508300::2900:x. \qquad x = 733,44$$
$$2009800:704900::2900:x. \qquad x = 1017,12$$

Ensemble.... 2900,00

567. Même procédé. — On a les trois proportions :

$$7400:1100::1780:x. \qquad x = 264,59$$
$$7400:2300::1780:x. \qquad x = 553,24$$
$$7400:4000::1780:x. \qquad x = 962,19$$

Ensemble.... 1780,02

568. On a trois mises, dont l'une de 1800 fr. pour le capitaine, une de 3000 fr. pour les deux lieutenants, une de 2400 fr. pour les deux sous-lieutenants, et une charge de 216 fr. à répartir. On aura les trois proportions :

$$7200 : 1800 :: 216 : x. \qquad x = 54$$
$$7200 : 3000 :: 216 : x. \qquad x = 90$$
$$7200 : 2400 :: 216 : x. \qquad x = 72$$

Ensemble.... 216

Mais chacun des lieutenants payera 45 fr., et chacun des deux sous-lieutenants 36 fr.

569. Il s'agit de partager 840 bottes proportionnellement aux nombres 504 et 422, ensemble 926 chevaux. On aura, en raisonnant comme dans tous les cas ci-dessus, les deux proportions suivantes :

$$926 : 504 :: 840 : x. \qquad x = 457,2$$
$$926 : 422 :: 840 : x. \qquad x = 382,8$$

Ensemble.... 840,0

570. Même procédé. — On a les trois proportions :

$$161 : 46 :: 45 : x. \qquad x = 12,85$$
$$161 : 52 :: 45 : x. \qquad x = 14,53$$
$$161 : 63 :: 45 : x. \qquad x = 17,61$$

Ensemble.... 44,99

On a en général des fractions de bouteilles, avec un nombre entier.

571. Même procédé. — On a pour le pain les quatre proportions :

$$92 : 15 :: 38 : x. \qquad x = 6,2$$
$$92 : 22 :: 38 : x. \qquad x = 9,1$$
$$92 : 25 :: 38 : x. \qquad x = 10,3$$
$$92 : 30 :: 38 : x. \qquad x = 12,4$$

Ensemble.... 38 pains.

Pour les bottes de paille on aurait les mêmes proportions, en y remplaçant seulement le terme 38 par le nombre 62. — On trouve les quatre résultats :

$$10,1 \ldots 14,8 \ldots 16,9 \ldots 20,2 \ldots \text{— Ensemble, } 62.$$

572. Même procédé. — On a les trois proportions :

$$352 : 90 :: 80 : x. \qquad x = 20,5$$
$$352 : 122 :: 80 : x. \qquad x = 27,7$$
$$352 : 140 :: 80 : x. \qquad x = 31,8$$
$$\text{Ensemble} \ldots . \quad \overline{80,0}$$

573. Même procédé. — On a les deux proportions :

$$1480 : 520 :: 37 : x. \qquad x = 13,35$$
$$1480 : 960 :: 37 : x. \qquad x = 24,65$$

L'un prendrait 13 ouvriers, et l'autre 25.

574. Même procédé. — On a les trois proportions :

$$161 : 43 :: 98 : x. \qquad x = 26,2$$
$$161 : 52 :: 98 : x. \qquad x = 31,6$$
$$161 : 66 :: 98 : x. \qquad x = 40,2$$
$$\text{Ensemble} \ldots . \quad \overline{98,0}$$

On prendrait 26, 32 et 40 hommes pour les trois escouades.

575. Il faut partager les 563 kil. de poudre en trois parties qui soient comme les nombres 65, 17 et 180, ensemble 262. — On aura pour cela les trois proportions :

$$262 : 65 :: 563 : x. \qquad 139^{\text{kil}},68 \text{ le } 1^{\text{er}} \text{ jour.}$$
$$262 : 17 :: 563 : x. \qquad 36^{\text{kil}},53 \text{ — } 2^{\text{e}} \text{ —}$$
$$262 : 180 :: 563 : x. \qquad 386^{\text{kil}},79 \text{ — } 3^{\text{e}} \text{ —}$$
$$\text{Ensemble} \ldots . \quad \overline{563^{\text{kil}},00}$$

576. La mise totale est 31800 fr. On connaît le bénéfice du premier. Or la mise particulière est à la mise totale dans le même rapport que le bénéfice particulier au bénéfice total. On aura donc la proportion :

$$17000 : 31800 :: 7500 : x. \qquad x = 14029^{\text{f}},41,$$

valeur du bénéfice total inconnu.

577. Même procédé. — La somme des mises est 4500, et l'on a la proportion :

$$2300 : 4500 :: 1425 : x. \qquad x = 2788^f,04.$$

578. La mise totale est 195,50. — Même procédé que ci-dessus. — On a la proportion :

$$17,50 : 195,50 :: 6,02 : x. \qquad x = 67^f,252 ;$$

perte sociale.

579. Même procédé. — La créance totale étant 2150 fr., on a la proportion :

$$950 : 2150 :: 81 : x. \qquad x = 183,32.$$

Telle est la valeur de l'actif.

580. Même procédé. Le revenu total est 18257 fr. On a la proportion :

$$9122 : 18257 :: 823 : x. \qquad x = 1827^f,87.$$

581. On a la proportion : le gain du second 711 est au gain total 2160 ce que la mise du second 8000 est à la mise totale inconnue :

$$711 : 2160 :: 8000 : x. \qquad x = 24303,80.$$

Retranchant de cette mise totale les 8000 fr. fournis par le second, on a 16303,80 pour la mise du premier.

582. D'après les chiffres de la question, la somme des bénéfices attribués aux 2 premiers est 3750 fr. La somme de leurs deux mises est 26000 fr. Or, la somme de leurs profits est au profit total ce que la somme de leurs mises est à la mise totale. Celle-ci sera donc le 4ᵉ terme de la proportion :

$$3750 : 5140 :: 26000 : x. \qquad x = 35637^f,33.$$

De cette mise totale retranchant 26000, somme des mises des deux premiers, on a pour celle du troisième, 9637,33.

583. Le premier, qui a fait valoir ses 28000 fr. pendant 11 mois, doit avoir le même profit que s'il mettait dans la société un capital 11 fois plus considérable, mais pendant un temps 11 fois moindre; car son intérêt devient 11 fois plus grand, d'après la première condition, et 11 fois plus petit d'après la seconde. Donc, on peut supposer qu'il a placé un capital de 11 fois 28000 ou 308000 fr. pendant *un* mois seulement. De même, le second doit être réputé propriétaire de 9 fois 18000 ou 162000 fr. placés pendant *un* mois. Donc, il n'y a plus lieu de considérer les temps, et l'on a simplement affaire à deux associés ordinaires, qui ont placé respectivement 308000 fr. et 162000 fr., ensemble 470000 fr., avec lesquels ils ont fait un profit de 10700 fr. On trouve la part de chacun par les deux proportions :

$$470000:308000::10700:x. \qquad x = 7011,92$$
$$470000:162000::10700:x. \qquad x = 3688,08$$

Ensemble... 10700,00

584. Même procédé. — Le premier est censé avoir placé 3 fois 5200 fr., ou 15600 fr., pendant *un* mois; le second 5 fois $\frac{1}{2}$ 9000 fr., ou 49500 fr., pendant un mois; et le troisième 11 fois $\frac{1}{2}$ 11800, ou 135700 fr., pendant un mois. On a donc trois associés ordinaires avec ces trois mises, dont la somme est 200800, et un profit de 11340 fr. On aura leurs profits respectifs au moyen des trois proportions :

$$200800:\ 15600::11340:x. \qquad x = \ 881,00$$
$$200800:\ 49500::11340:x. \qquad x = 2795,46$$
$$200800:135700::11340:x. \qquad x = 7663,53$$

Ensemble.... 11339,99

585. Même procédé. La mise du premier est 3 fois 200, ou 600, pendant un mois; celle du second est 7 fois 800, ou 5600; celle du troisième est 17 fois 2200, ou 37400 fr., et celle du quatrième est 26 fois 18300, ou 475800 fr.;

tout cela supposé placé pendant un mois. On aura le partage du bénéfice par les proportions :

Mise totale : 519400 : 600 :: 7050 : x. $x =$ 8,14
           519400 : 5600 :: 7050 : x. $x =$ 76,01
           519400 : 37400 :: 7050 : x. $x =$ 507,64
           519400 : 475800 :: 7050 : x. $x =$ 6458,20

Ensemble..... 7049,99

586. Même procédé.— La première mise doit être multipliée par 7 mois ou 210 jours, la seconde par 156 j., la troisième par 29 jours ; ce qui donne les trois produits respectifs : 743400, 148200, 127600, qui représentent les mises des trois associés pendant *un* jour. Cela fait, pour répartir la perte on aura les trois proportions :

Mise totale : 1019200 : 743400 :: 782 : x. $x =$ 570,39
           1019200 : 148200 :: 782 : x. $x =$ 113,78
           1019200 : 127600 :: 782 : x. $x =$ 97,90

Ensemble..... 782,00

587. Même procédé.—On multipliera les mises respectives par 320, 97, 42 et 9 jours. On aura ainsi 4 mises placées pendant un jour, et l'on déterminera les pertes respectives par les proportions :

Mise totale : 702300 : 166400 :: 4150 : x. $x =$ 983,28
           702300 : 184300 :: 4150 : x. $x =$ 1089,06
           702300 : 130200 :: 4150 : x. $x =$ 769,37
           702300 : 221400 :: 4150 : x. $x =$ 1308,29

Ensemble..... 4150,00

588. C'est comme si le second avait laissé, pendant un jour seulement, 158 fois sa mise 3300, ou 521400. On a donc sa mise particulière, son bénéfice particulier, et le

4.

bénéfice total ; trois termes de la proportion suivante, dont le 4ᵉ sera la mise totale des deux associés :

$$931 : 1142 :: 521400 : x. \qquad x = 639461,65.$$

De cette mise totale retranchant 521400, mise du second, on aura 118061,65 pour la mise du premier, ou plutôt pour sa mise multipliée par le nombre de jours qu'elle est restée dans la société. La mise réelle étant 2500, il s'agit de trouver le nombre qui, multiplié par 2500, donne 118061,65 ; et pour cela on divise ce dernier par 2500. Le quotient donne 47 jours et une fraction.

589. En prenant pour unité la part du premier, celle du second sera représentée par 3 ; celle du troisième par 6 fois 3, ou 18 ; celle du quatrième par 2 fois et demie 18, ou 45. Il s'agit donc de diviser 29511 en quatre parties, qui soient entre elles comme les quatre nombres 1, 3, 18, 45 ; ensemble 67. Le calcul est donc le même que si ces quatre nombres étaient des mises sociales, et l'héritage 29511 un bénéfice à partager. On aura donc les quatre proportions :

$$67 : 1 :: 29511 : x. \qquad x = 440,46$$
$$67 : 3 :: 29511 : x. \qquad x = 1321,39$$
$$67 : 18 :: 29511 : x. \qquad x = 7928,33$$
$$67 : 45 :: 29511 : x. \qquad x = 19820,82$$

Ensemble.... 29511,00

On aurait pu faire le calcul en considérant que le premier doit avoir $\frac{1}{67}$ de l'héritage, le second $\frac{3}{67}$, le troisième $\frac{18}{67}$, et le quatrième $\frac{45}{67}$. On aurait pris ces fractions du nombre 29511 ; mais on remarquera que cela eût fourni les mêmes multiplications et les mêmes divisions.

590. Même procédé. La part du premier étant 1, celle du second sera 4,5 ; la troisième sera $\frac{2}{3}$ de 4,5, ou 3 ; la quatrième sera 5,5, et la cinquième sera les 0,6 de 3, ou

1,8. La somme totale sera 15,8, et l'on aura les proportions :

$$15,8:1 \quad ::89010:x. \qquad x = 5633,54$$
$$15,8:4,5::89010:x. \qquad x = 25350,95$$
$$15,8:3 \quad ::89010:x. \qquad x = 16900,63$$
$$15,8:5,5::89010:x. \qquad x = 30984,49$$
$$15,8:1,8::89010:x. \qquad x = 10140,38$$

Ensemble.... 89009,99

591. Même procédé. — On a évidemment les deux proportions :

$$16: 5::18:x. \qquad x = 5,625$$
$$16:11::18:x. \qquad x = 12,375$$

18,000

592. Même procédé. — Somme des mises supposées, ou des nombres proportionnels, 25. On a les trois proportions :

$$25: 5::845:x. \qquad x = 169,0$$
$$25: 8::845:x \qquad x = 270,4$$
$$25:12::845:x. \qquad x = 405,6$$

Ensemble.... 845,0

595. On réduira d'abord les trois nombres donnés au même dénominateur, ce qui donnera les trois fractions $\frac{315}{63}$, $\frac{27}{63}$, $\frac{56}{63}$. Or des fractions de même dénominateur sont entre elles comme leurs numérateurs. C'est donc comme si l'on proposait de partager le nombre 42 en 3 parties, qui fussent entre elles comme les trois nombres 315, 27, 56. Or, dans ce cas, on a les trois proportions :

$$\text{Mise totale}: 398:315::42:x. \qquad x = 33,24$$
$$398: 27::42:x. \qquad x = 2,85$$
$$398: 56::42:x. \qquad x = 5,91$$

Ensemble.... 42,00

594. Même procédé. On réduit au même dénominateur les 4 nombres proposés, 3, $\frac{5}{7}$, $\frac{11}{90}$, $\frac{72}{100}$. Le dénominateur commun est 63000, et les 4 numérateurs qu'on prend pour les 4 nombres proportionnels, ou les 4 mises, sont 189000, 45000, 7700, 45360. La somme, ou mise totale, est 287060. D'où les quatre proportions :

$$287060 : 189000 :: 50 : x. \qquad x = 32{,}92$$
$$287060 : 45000 :: 50 : x. \qquad x = 7{,}84$$
$$287060 : 7700 :: 50 : x. \qquad x = 1{,}34$$
$$287060 : 45360 :: 50 : x. \qquad x = 7{,}90$$

$$\text{Ensemble.... } 50{,}00$$

595. La première étant représentée par 1, la seconde le serait par $\frac{3}{8}$; la troisième par $\frac{8}{9}$ de $\frac{3}{8}$ ou $\frac{24}{72}$, qui revient à $\frac{1}{3}$. Les trois mises proportionnelles sont donc représentées par les trois nombres 1, $\frac{3}{8}$, $\frac{1}{3}$; ou en réduisant au même dénominateur 24, et prenant les trois numérateurs 24, 9, 8, dont la somme ou mise totale est 41, on a les trois proportions :

$$41 : 24 :: 1552 : x. \qquad x = 908{,}49$$
$$41 : 9 :: 1552 : x. \qquad x = 340{,}68$$
$$41 : 8 :: 1552 : x. \qquad x = 302{,}83$$

$$\text{Ensemble.... } 1552{,}00$$

596. La première mise étant prise pour unité, la seconde serait $\frac{3}{4}$, la troisième serait les $\frac{3}{4}$ de 1 plus $\frac{3}{4}$, ou les $\frac{3}{4}$ de $\frac{10}{7}$, ou $\frac{30}{28} = \frac{15}{14}$; la quatrième serait les $\frac{35}{10}$ de 1 moins $\frac{3}{7}$, ou les $\frac{35}{100}$ de $\frac{4}{7}$, ou enfin $\frac{140}{700}$, qui se réduit à $\frac{1}{5}$. On réduit ces quatre nombres au même dénominateur, qui sera 70, et l'on a, pour les quatre numérateurs qui représenteront les quatre mises proportionnelles, les nombres 70, 30, 75, 14, ensemble 189 ; d'où les quatre proportions :

$$189:70::33:x. \qquad x = 12,22$$
$$189:30::33:x. \qquad x = 5,24$$
$$189:75::33:x. \qquad x = 13,10$$
$$189:14::33:x. \qquad x = 2,44$$

Ensemble.... 33,00

597. Les deux premières mises proportionnelles sont immédiatement représentées par les nombres 8 et 11. La troisième étant à la seconde :: 5:7, cela revient à dire qu'elle est les $\frac{5}{7}$ de la seconde; elle sera donc représentée par les $\frac{5}{7}$ de 11 ou $\frac{55}{7}$. De même la quatrième est les $\frac{9}{10}$ de la troisième, ou $\frac{495}{70}$. On a donc pour les quatre mises proportionnelles quatre nombres qu'on réduira au dénominateur commun 70, et l'on prendra pour les représenter, les quatre numérateurs 560, 770, 550, 495, ensemble 2375 pour mise totale. On aura les quatre proportions :

$$2375:560::42:x. \qquad x = 9,90$$
$$2375:770::42:x. \qquad x = 13,61$$
$$2375:550::42:x. \qquad x = 9,72$$
$$2375:495::42:x. \qquad x = 8,75$$

Ensemble.... 41,98

598. La première part étant représentée par 2,5, la seconde le serait par 7. La troisième étant à la seconde :: 0,8 : 11, ou :: 8 : 110, sera les $\frac{8}{110}$ de 7, ou $\frac{56}{110}$. La quatrième est à la première :: 3 : 0,21, ou :: 300 : 21; elle sera donc les $\frac{300}{21}$ de la première ou de 2,5; ce qui donne $\frac{750}{21}$. On aura quatre nombres qu'on réduira au même dénominateur 110, et l'on prendra, pour représenter les mises proportionnelles, les quatre numérateurs 275, 770, 56, 3750, ensemble 4851; d'où les quatre proportions :

$$4851 : 275 :: 55 : x. \qquad x = 3,115$$
$$4851 : 770 :: 55 : x. \qquad x = 8,730$$
$$4851 : 56 :: 55 : x. \qquad x = 0,635$$
$$4851 : 3750 :: 55 : x. \qquad x = \underline{42,500}$$

Ensemble.... 54,980

599. La première est à la seconde :: 0,6 : $\frac{2}{3}$ ou :: 6 : $\frac{20}{3}$. La première étant donc représentée par 6, la seconde le sera par $\frac{20}{3}$. La troisième est à la première :: $\frac{5}{11}$: 3,3 ou :: $\frac{50}{11}$: 33, ou, en réduisant au même dénominateur, :: $\frac{50}{11}$: $\frac{363}{11}$, ou simplement :: 50 : 363. Donc la troisième est les $\frac{50}{363}$ de la première ; elle sera donc représentée par $\frac{50}{363}$ de 6 ou $\frac{300}{363}$, qui se réduit à $\frac{100}{121}$. La quatrième est à la seconde :: 7 : 0,2 ou :: 70 : 20 ; elle est donc les $\frac{70}{20}$ ou les $\frac{7}{2}$ de la seconde, les $\frac{7}{2}$ de $\frac{20}{3}$ ou $\frac{140}{6}$, qui se réduit à $\frac{70}{3}$. Enfin la cinquième est à la troisième :: $\frac{11}{3}$: 0,7, ou :: $\frac{110}{3}$: 7, ou :: $\frac{110}{3}$: $\frac{21}{3}$, ou enfin :: 110 : 21. Donc la cinquième part est les $\frac{110}{21}$ de la troisième, ou les $\frac{110}{21}$ de $\frac{100}{121}$, ou enfin $\frac{11000}{2541}$. On aura donc, pour représenter les cinq parts, les cinq nombres ... 6 ou $\frac{18}{3}$, $\frac{20}{3}$, $\frac{100}{121}$, $\frac{70}{3}$, $\frac{11000}{2541}$, qu'on réduira au même dénominateur, en multipliant par 847 les deux termes de la première, de la seconde et de la quatrième, et par 21 les deux termes de la troisième ; toutes se trouveront réduites au dénominateur 2541. On prendra cinq numérateurs 15246, 16940, 2100, 59290, et 11000, les cinq pour les mises proportionnelles ; mise totale, 104576 ; d'où les cinq proportions :

$$104576 : 15246 :: 60 : x. \qquad x = 8,747$$
$$104576 : 16940 :: 60 : x. \qquad x = 9,719$$
$$104576 : 2100 :: 60 : x. \qquad x = 1,205$$
$$104576 : 59290 :: 60 : x. \qquad x = 34,017$$
$$104576 : 11000 :: 60 : x. \qquad x = \underline{6,311}$$

Ensemble · · · · 59,999

600. La première étant représentée par 3, la seconde le serait par 5, qui sont les $\frac{5}{3}$ de 3. La troisième étant à la seconde :: $\frac{2}{7}$: 8,1, ou :: $\frac{20}{7}$: 81, ou :: $\frac{20}{7}$: $\frac{567}{7}$, ou enfin :: 20 : 567, sera donc les $\frac{20}{567}$ de la seconde, ou du nombre 5 ; donc $\frac{100}{567}$. La quatrième étant à la somme des deux premières :: 5,2 : 9 $\frac{2}{11}$, ou :: 5,2 : $\frac{101}{11}$, ou :: 52 : $\frac{1010}{11}$, ou :: $\frac{572}{11}$: $\frac{1010}{11}$, ou :: 572 : 1010, sera les $\frac{572}{1010}$ de 8, ou $\frac{4576}{1010}$. Les quatre parts sont donc représentées par les quatre nombres, 3, 5, $\frac{100}{567}$, $\frac{4576}{1010}$, qu'on réduira au même dénominateur. Les quatre numérateurs qu'on gardera pour représenter les quatre mises proportionnelles, sont les nombres 1718010, 2863350, 101000, 2594592, ensemble 7276952. — On a donc les quatre proportions :

$$7276952 : 1718010 :: 100 : x. \qquad x = 23,61$$
$$7276952 : 2863350 :: 100 : x. \qquad x = 39,35$$
$$7276952 : \ 101000 :: 100 : x. \qquad x = \ 1,39$$
$$7276952 : 2594592 :: 100 : x. \qquad x = 35,65$$

$$\text{Ensemble} \ldots \ 100,00$$

REMARQUES SUR LES PROBLÈMES PRÉCÉDENTS.

Tous les problèmes qu'on traite par les proportions peuvent se résoudre par une autre méthode, dont les autres parties de ce questionnaire offrent de nombreux exemples, et qu'on désigne sous le nom de *Méthode de l'unité*. Nous allons en faire l'application sur quelques-uns des problèmes que nous avons traités par les proportions.

1° Soit la question n° 325. — Au lieu de poser la proportion :

$$5^h : 168^h :: 7^m : x. \qquad x = 235^m,2 ,$$

on dirait : Si la montre avance de 7 minutes en 5 heures,

en *une* heure elle avancera 5 fois moins, et en 168 heures 168 fois plus; donc, il faudrait diviser 7 par 5, et multiplier le quotient par 168, ou plutôt multiplier 7 par 168, et diviser le produit par 5, conformément à la remarque générale (*Arith.*, 52). On reconnaît que cette multiplication et cette division ne sont autre chose que celles que fait faire la proportion elle-même. On trouve, comme ci-dessus, $235^{m}, 2$, qu'on change en heures par les moyens ordinaires.

2° Soit la question n° 341, qui donne lieu à une proportion inverse. — Au lieu de poser cette proportion :

$$106 : 33 :: 52 : x. \qquad x = 16^{h}, 2,$$

on raisonne comme il suit :

S'il faut, pour faire tout le travail, 52 jours à 33 ouvriers, à *un* seul ouvrier il faudrait 33 fois plus de temps; et à 106 ouvriers, 106 fois moins; donc, on aura à multiplier 52 par 33, et à diviser le produit par 106, comme on y avait été conduit par la proportion elle-même.

3° Soit la question n° 346. — Au lieu de poser la proportion :

$$107,11 : 2304,13 :: 43,25 : x. \qquad x = 930^{f}, 69,$$

on raisonnerait de la manière suivante :

Si sur $107^{k}, 11$ on gagne $43^{f}, 25$, sur *un* seul kilogramme on gagnera 107 fois moins; et sur $2304^{k}, 13$ on gagnera 2304 fois plus; donc, on est amené à multiplier $43^{f}, 25$ par 2304,13, et à diviser le produit par 107,11. — C'est exactement ce que fait faire la proportion.

4° Soit la question n° 374. — Au lieu de poser la proportion inverse :

$$0,85 : 0,75 :: 13^{m}, 25 : x. \qquad x = 11^{m}, 78,$$

on dirait :

Si, pour doubler les 13ᵐ,25, on prend de la cotonnade à 80 centimètres de large ; si la cotonnade n'avait que *un* centimètre, il en faudrait une longueur 80 fois plus grande ; et si elle a 75 centimètres, il en faudra 75 fois moins ; donc, il faudra multiplier 13ᵐ,25 par 0,80 et diviser par 0,75, comme on est conduit à le faire par la proportion.

5° Soit l'exemple n° 392. — Au lieu de poser la proportion :

$$20 : 52,75 :: 21 : x. \quad x = 55,3875,$$

on dirait :

Si 20 guinées valent 21 livres sterling, une seule guinée vaudra 20 fois moins, et 59ᵉ,75 vaudront 59,75 fois plus ; donc, il faudra, comme dans la proportion, multiplier 21 par 59,75, et diviser par 20.

6° Soit l'exemple n° 403. — Au lieu de poser la proportion, on dira :

Si 100 fr. rapportent 4,50, *un* franc rapportera 100 fois moins, et 65104 fr. rapporteront 65104 fois plus ; donc, on aura à multiplier 4,50 par 65104, et à diviser le produit par 100, comme dans la proportion.

7° Soit l'exemple n° 408. — Au lieu de poser la proportion, on dira :

Si 100 fr. rapportent 3ᶠ,75, *un* franc de revenu sera donné par une somme 3,75 fois moindre que 100, et un revenu de 8750 par un capital 8750 fois plus grand ; donc, on aura à multiplier 100 par 8750, et à diviser le produit par 3,75, comme le fait faire la proportion.

8° Soit l'exemple n° 421. — On raisonnera comme il suit : Si 5100 fr. rapportent 650, *un* seul franc rapportera 5100 fois moins que 650 ; et 100 fr. rapporteront 100 fois plus ; donc, on multipliera 5100 fr. par 100, et l'on divisera par 650. Le quotient est 12,74 comme avec la proportion :

9° Soit l'exemple n° 436. — On résoudra cette question d'intérêt en disant :

Si 88,50 rapportent 5, *un* seul franc serait le revenu d'une somme 5 fois moindre, et 2240 le produit d'une somme 2240 fois plus forte ; donc, on aura à multiplier 88,50 par 2240, et à diviser par 5.

10° Soit l'exemple n° 444. — Si la rente 615 correspond à 11500 fr. de capital, *un* seul franc sera le produit d'un capital 650 fois moindre, et 4 ½, le revenu d'une somme 4,5 fois plus forte ; donc, on aura à multiplier 11500 par 4,5, et à diviser par 650, comme dans la proportion.

11° Soit l'exemple n° 505. — On cherchera d'abord l'intérêt de 100 fr. pour 5 mois 13 jours à 8 pour 100, en disant : Si pour 360 jours il y a 8 d'intérêt, pour *un* jour il y aura 360 fois moins, et, pour 163 jours, 163 fois plus ; on multipliera donc 8 par 163, et l'on divisera par 360 ; ce qui donnera 3,622. Puis on dira : Si 100 fr. rapportent 3^f,622, *un* seul franc rapportera 100 fois moins, et 1153 fr. rapporteront 1153 fois plus ; donc, on aura à multiplier 3,612 par 1153, et à diviser par 100. Il en résultera, comme avec la proportion, l'intérêt du billet.

12° Soit la question n° 551. — Au lieu de poser les proportions, après avoir fait la somme des 3 mises, qui est 49425 fr., on dirait, pour trouver le bénéfice du 1er associé : Si 49425 fr. ont produit 13302, *un* seul franc produirait 49425 fois moins, et 11000 fr., mise du premier, produiront 11000 fois plus ; donc, on aura à multiplier 13302 par 11000, et à diviser par 49425, comme on le fait avec la première proportion. On trouverait toutes les autres parts en raisonnant de la même manière.

Ces exemples suffisent pour donner une idée très-nette de la méthode. Mais nous devons faire observer de nouveau qu'elle conduit exactement aux mêmes calculs que les proportions, et qu'elle n'a par conséquent sur celles-ci aucun avantage réel.

PROBLÈMES GÉNÉRAUX.

601. On cherchera d'abord ce qu'auraient dû coûter les $18^m,50$ du premier au lieu de $319^f,15$, si, au lieu d'avoir $\frac{5}{4}$ ou $1^m,25$ de large, le drap n'en avait que $0^m,80$. C'est ce qu'on saura par la proportion suivante :

$$1,25 : 0,80 :: 319,15 : x. \qquad x = 204^f,256.$$

On cherchera, en second lieu, combien on aurait payé pour le second drap au lieu de $167^f,50$, si, au lieu de $11^m,22$, on en eût acheté autant de mètres que du premier. C'est ce qu'on apprendra par la proportion :

$$11,22 : 18,50 :: 167,50 : x. \qquad x = 276,18.$$

Ainsi, deux longueurs égales des deux draps avec même largeur coûteraient l'une $204^f,26$, l'autre $276,18$. Le second coûte donc plus que le premier. Pour savoir combien pour 100 de plus, on fera la proportion :

$$204,26 : 276,18 :: 100 : x. \qquad x = 35,2.$$

Ainsi, le prix du premier étant représenté par 100, celui du second le serait par $135,2$; donc, il coûte environ 35 pour 100 de plus que le premier.

602. C'est une proportion inverse, comme au n° 372. On a :

$$0,65 : 0,95 :: 155 : x. \qquad x = 226^m,54.$$

603. Si, les 19 mètres à 0,65 de large coûtant 4 fr.,

on prend de l'étoffe à 0,55 seulement, le prix sera réduit dans le rapport de 65 à 55; et le prix des 19 mètres ne sera plus que le 4ᵉ terme de la proportion :

$$65 : 55 :: 21 : x. \qquad x = 17^f,77.$$

Or, la seconde étoffe coûtant 16,50 les 30 mètres, on aura ce que coûteraient 19 mètres par la proportion :

$$30 : 19 :: 16,50 : x. \qquad x = 10^f,45.$$

Ainsi, toutes choses égales d'ailleurs, une même quantité des deux étoffes coûterait 17^f,77 dans le premier cas, et seulement 10,45 dans le second. Pour savoir ce qu'on gagne sur 100 au second marché, on retranche 10,45 de 17,77 ; la différence 7,32 est ce qu'on a gagné sur 17,77. Alors on a la proportion :

$$17,77 : 7,32 :: 100 : x. \qquad x = 41,2,$$

c'est-à-dire qu'on a gagné un peu plus de 41 p. 100.

604. Marche analogue. — La première des proportions ci-dessus est changée en celle-ci :

$$65 : 90 :: 21 : x. \qquad x = 29^f,08.$$

La seconde proportion devient :

$$26 : 19 :: 45 : x. \qquad x = 32,88.$$

Enfin, nous aurons cette proportion analogue à la troisième ci-dessus :

$$29,08 : 3,80 :: 100 : x. \qquad x = 13,06.$$

L'augmentation est donc d'environ 13 p. 100.

605. On cherche d'abord le prix d'achat par la proportion :

$$5 : 4702 :: 113,25 : x. \qquad x = 106500.$$

Puis nous cherchons le prix de revente par la proportion :

$$5 : 4702 :: 69,15 : x. \qquad x = 65028^f,66.$$

La différence entre ces deux prix est 41471,34, montant de la perte.

606. On cherche d'abord le prix d'achat par la proportion :

$$4,5 : 8501 :: 91,05 : x. \qquad x = 172003,57,$$

puis le prix de revente par la proportion :

$$4,5 : 8501 :: 101,70 : x. \qquad x = 192122,60.$$

La différence en plus est 20119^{f},03, montant du bénéfice.

607. On cherchera, comme dans les deux cas précédents, le montant de la perte, au moyen de deux proportions qui donneront pour cette perte 16352 fr. — Puis on cherchera dans les 3 p. 100 ce que coûtera une rente de 8040 au cours de 55,10, par la proportion :

$$3 : 8040 :: 55,10 : x. \qquad x = 147668.$$

Puisqu'elle doit regagner sa perte 16352, elle devra revendre sa rente 147668 fr., plus 16352 fr., ou 164020 fr. On connaîtra le cours qui donnerait ce prix de vente par la proportion :

$$8040 : 3 :: 164020 : x. \qquad x = 61,20.$$

608. Le 5, au cours de 91,65, donne 1 pour le 5e de 91,65, ou 1 pour 18,33. Le 3, au cours de 51,40, donne 1 pour le tiers de 51,40, ou 1 pour 17,13; donc, le 3 p. 100 est plus avantageux, puisqu'il prend moins pour donner 1.

609. On trouve la réponse à cette question dans la proportion suivante :

$$5,60 : 100 :: 4,5 : x. \qquad x = 80,36.$$

610. L'ouvrage quotidien du mari étant représenté par 1, celui de la femme le sera par $\frac{3}{5}$, et celui des enfants par $\frac{4}{11}$ et $\frac{1}{10}$. L'ouvrage total de chaque jour est donc représenté par la somme de ces quatre nombres, qui, réduits au même dénominateur 110, donnent par addition le nombre fractionnaire $\frac{227}{110}$. Or, évidemment, il faudra d'autant *moins* de temps pour exécuter tout l'ouvrage, que le travail quotidien est *plus* considérable; donc, on aura, par une proportion inverse, le temps cherché :

$$\tfrac{227}{110} : 1 :: 46 : x. \qquad x = 22,3,$$

ou un peu plus de 22 jours.

611. La question revient à celle-ci : Si le travail quotidien est $\tfrac{227}{110}$, et qu'il exige 25 jours, combien de jours faudra-t-il si le travail quotidien est 1? — Proportion inverse comme ci-dessus, et qui se pose ainsi :

$$1 : \tfrac{227}{110} :: 25 : x. \qquad x = 51^j,6.$$

612. Même procédé qu'au n° 610. La somme des trois fractions augmentée de l'unité, comme ci-dessus, est $\tfrac{107}{45}$. On a la proportion inverse :

$$\tfrac{107}{45} : 1 :: 43 : x. \qquad x = 18 \text{ jours environ.}$$

613. Même procédé qu'au n° 611. — On a la proportion inverse analogue :

$$1 : \tfrac{107}{45} :: 80 : x. \qquad x = 190^j,2.$$

614. Le travail du père et de l'aîné valent par jour 1 plus $\tfrac{4}{9} = \tfrac{13}{9}$. — D'où la proportion inverse, analogue à la précédente, mais où le terme 1 est remplacé par $\tfrac{13}{9}$,

$$\tfrac{13}{9} : \tfrac{107}{45} :: 80 : x. \qquad x = 131^j,7.$$

615. Nous avons reconnu (n° 613) que s'il suffisait de 80 jours à toute la famille, il en faudrait 190 au père seul. Tout le monde travaillant pendant 11 jours, il resterait de ces 80 jours 69 seulement qui doivent être remplacés par un certain nombre de jours inconnu, où le père travaillera seul. Or, si 80 jours de travail général sont l'équivalent de 190 jours du travail du père seul, 69 jours de travail général seront remplacés par le quatrième terme de la proportion :

$$80 : 69 :: 190,2 : x. \qquad x = 164^j,05.$$

Ainsi le père devrait travailler seul pendant 164 jours.

616. En prenant pour unité le travail du père, le fils aîné faisant $\frac{4}{9}$ par jour, en 5 j. il ferait 5 fois $\frac{4}{9}$ ou $\frac{20}{9}$. De même, le second fils en 9 jours ferait 9 fois $\frac{3}{6} = \frac{27}{6}$, et le troisième en 25 jours ferait $\frac{25}{3}$. La somme de ces trois fractions est $\frac{218}{46}$. Tel est donc ce que le travail des trois enfants aura fait et retranché sur le travail total. Celui-ci est représenté par 190,2, puisque c'est le nombre des jours de son travail quand il est seul. Si donc de 190,2 on retranche $\frac{218}{46}$ ou 16 environ, il restera pour le travail du père 174 unités, et par conséquent 174 jours de travail, pendant quelques-uns desquels ses enfants auront travaillé avec lui.

617. Si le second fils se retire après 30 jours, il aura fait 30 fois $\frac{3}{6}$ ou 18 unités, et le troisième aura fait après 40 jours $\frac{40}{3}$; ensemble 31,33 unités. Si le père travaillait seul, il aurait à faire 190,2 ; il est donc déchargé de 31,33 ; ce qui donne un reste de 158,87, qu'il ferait en 159 jours environ. Mais il est aidé par son fils aîné, qui fait $\frac{4}{9}$ quand le père fait 1 ; le travail des deux est donc $\frac{13}{9}$ par jour ; donc, le nombre de jours 159, nécessaire si le père travaillait seul, sera remplacé par un nombre moindre, qui sera le quatrième terme d'une proportion inverse :

$$\frac{13}{9} : 1 :: 159 : x. \qquad x = 110 \text{ jours environ.}$$

618. En prenant la différence de 105,10 à 71,35, on trouve $33^{m},75$ pour le travail de la femme. On aura la réponse par cette proportion :

$$71,35 : 33,75 :: 100 : x. \qquad x = 47,30 \text{ p. } 100.$$

619. En prenant les différences des nombres donnés, on reconnaît que lorsque le mari fait 83 mètres, la femme en fait 31, et le fils 27. On a pour répondre à la question les deux proportions suivantes :

$$83 : 31 :: 100 : x. \qquad x = 37,35 \text{ p. } 100 \quad \text{la femme,}$$
$$83 : 27 :: 100 : x. \qquad x = 32,53 \text{ p. } 100 \quad \text{l'enfant.}$$

620. Le travail du mari étant pris pour unité, le travail de la femme est 0,42, et celui de l'enfant 0,65 de 0,42 ou 0,273; ensemble, 0,693. Si le travail du mari se joint à cela, le travail total sera représenté par 1,693. Pour faire le même ouvrage, il faudra des temps différant comme les deux quantités de travail faites dans le même temps, et ces deux temps seront évidemment en rapport inverse. D'où la proportion :

$$1,693 : 0,693 :: 22 : x. \qquad x = 9 \text{ jours.}$$

La considération de l'ouvrage fait en 22 jours est inutile à la question.

621. D'après l'énoncé, il ne parvient au général que les $\frac{11}{13}$ de la troupe de renfort; il ne lui arrive donc que les $\frac{11}{13}$ des $\frac{13}{21}$ de ce qu'il y a, ou les $\frac{11}{21}$ de ce qu'il a; donc sa troupe primitive avec les $\frac{11}{21}$ de cette troupe font un total de 128000 hommes. Or une chose : plus ses $\frac{11}{21}$ valent les $\frac{32}{21}$ de cette chose, donc les $\frac{32}{21}$ de l'armée primitive valent 128000; donc $\frac{1}{21}$ vaut 32 fois moins, et $\frac{21}{21}$ valent 21 fois plus; donc il faut multiplier 128000 par 21, et diviser par 32. Le résultat est 84000 hommes.

622. D'après l'énoncé, il reste au commandant, outre ce qu'il avait d'abord, les $\frac{3}{4}$ du $\frac{1}{5}$ ou les $\frac{3}{20}$ des nouveaux venus; donc ce qu'il avait, plus les $\frac{3}{20}$ de ce nombre ou les $\frac{23}{20}$ de ce nombre, valent 29900; donc $\frac{1}{20}$ vaudra 23 fois moins, et les $\frac{20}{20}$ ou le tout 20 fois plus; donc il faudra multiplier le nombre 29900 par 20, et diviser le produit par 23. On trouvera pour résultat 26000 hommes.

623. Il reste au premier $\frac{39}{40}$ de sa compagnie, et il reçoit $\frac{4}{27}$ de $\frac{27}{20}$ ou $\frac{4}{20}$ de cette même compagnie; ensemble $\frac{47}{40}$, qui lui font 94 hommes; donc $\frac{1}{40}$ vaudra 47 fois moins, et les $\frac{40}{40}$ ou toute la compagnie 40 fois plus; donc il faudra multiplier 94 par 40 et diviser par 47, ce qui donne 80 hommes pour la première compagnie. La seconde étant les $\frac{27}{20}$ de celle-ci, sera égale à 27 fois 4, ou à 108 hommes. On reconnaît aisément sur ces nombres que les conditions de la question sont satisfaites.

624. On prendra d'abord les 0,65 de 87820 fr. en multipliant l'un par l'autre ces deux nombres, ce qui donne 50758 fr. Le propriétaire de 286 actions sur 1100 aura évidemment les 286 onze-centièmes de ce produit. On multipliera ce nombre par 286, et on divisera par 1100. — Le résultat est 14757^f,08. La valeur particulière des actions est étrangère à la question.

625. Le propriétaire des 11 actions sur 850 recevra les $\frac{11}{850}$ des 0,73 des bénéfices, ou $\frac{8,03}{850}$. Or cette fraction lui vaut 774 fr.; donc $\frac{1}{850}$ des bénéfices vaut 8,03 fois moins, et les $\frac{850}{850}$, ou le tout, 850 fois plus; donc il faudra multiplier 774 par 850, et diviser par 8,03. — Le résultat est 81930^f,26.

626. Si le marchand rabat d'abord 8 p. 100, on ne doit lui payer que 92 p. 100. Si sur ce payement il retranche $2\frac{1}{2}$ p. 100, il n'aura à recevoir que $97\frac{1}{2}$ p. 100 de 92 p. 100, ou 0,975 de 0,92, ou le produit de ces deux nombres fractionnaires, qui est 0,897; donc les 0,897 du prix non réduit valent 0,35 fr.; donc ce prix multiplié par 0,897 égale 9035; donc il vaut 9035 divisé par 0,897, ou 10072^f,46.

627. Le marchand ne doit d'abord recevoir que 93 p. 100. Sur cette somme il ajoute 3 p. 100 de la même somme, c'est-à-dire qu'on devra payer $\frac{103}{100}$ de 0,93. Il faudra donc multiplier ces deux nombres l'un par l'autre, ou 1,03 par 0,93. Le produit est 0,9579; donc les 0,9579 du prix total valent 5022^f,10; d'où l'on est conduit, comme dans le cas précédent, à diviser 5022,10 par 0,9579. Le quotient est 5242^f,82. Tel est le montant primitif de la facture.

628. Sur la fraction inconnue, on rabat encore $3 \frac{1}{2}$ p. 100 ; il ne reste donc plus que $96 \frac{1}{2}$ p. 100 ou 0,965 de cette fraction inconnue du montant 291,20 ; donc, en appelant x cette fraction, on aura le produit $0,965 \times x \times 291,2$ égal à 252,91 ; donc on aura x en divisant 252,91 par le produit $0,965 \times 291,2$. Effectuant la multiplication et la division, on trouve pour quotient 0,90 ; donc le premier rabais était de 10 p. 100.

629. Même procédé que dans le cas précédent. On est amené à diviser 58,40 par le produit $0,98 \times 65,15$. Le résultat est 0,91 ; d'où 9 p. 100 de réduction.

630. En appelant x la fraction inconnue, on reconnaît qu'après toutes les réductions on a 0,97 de 0,97 de x de 110, et que cela équivaut à $100^f,39$. Pour avoir x, on est amené, comme ci-dessus, à diviser 100,39 par le produit $0,97 \times 0,97 \times 110$. Le quotient est 0,97 ; donc la facture a été réduite d'abord à ses 0,97 ; donc il y a eu une première réduction de 3 p. 100.

631. Il s'agit de savoir quelle est la somme qui, non payée d'abord et augmentée de ses intérêts pendant 5 mois 8 jours ou 158 jours, monte à 1695 fr. On trouve d'abord l'intérêt de 100 pendant ce temps, au moyen de la proportion :

$$360 : 158 :: 6 : x. \quad x = 2,633.$$

Donc la somme 100 non payée comptant vaudrait, au bout de 5 mois 8 jours, 102,633. On aura donc la somme qui a fourni par ses intérêts le total 1695 au moyen de la proportion suivante :

$$102,633 : 100 :: 1695 : x. \quad x = 1651,51.$$

Telle est la somme qui n'a pas été payée comptant, et qui, ajoutée à 1920, donne $3571^f,51$ pour le prix total des

18 bœufs. On aura donc le prix de chacun en divisant ce nombre par 18. Le quotient est 198^f,42.

652. Même marche que dans l'exemple précédent. Au moyen de deux proportions analogues et d'une division par 45, nombre de kil. de sucre, on arrive à 1^f,40 pour le prix d'un kilogramme.

653. Les 226 hect. à 42 fr. donnent 9492 fr., sur lesquels 2920 étant payés comptant, il reste à payer 6582. Cette somme, avec ses intérêts pendant le temps inconnu, donne 6680,72. La différence 98,78 est l'intérêt de 6582 pendant ce temps. Or, ce que serait l'intérêt de 100 pendant le même temps est donné par la proportion :

$$6582 : 100 :: 98,72 : x. \quad x = 1,5.$$

Or, puisque 100 donnent 4 en un an ou 360 jours, on trouvera en combien de jours ce nombre donne 1,5 par la proportion :

$$4 : 1,5 :: 360 : x. \quad x = 135 \text{ jours}.$$

Donc le temps pendant lequel 6582 ont porté intérêt est également 135 jours.

654. Même procédé. Après le premier payement, il reste 1028 à payer. La différence de 1028 à 1030,313 ou 2,313 est l'intérêt de 1028 pendant le temps inconnu. Pendant le même temps, 100 donneraient pour intérêt le quatrième terme de la proportion :

$$1028 : 100 :: 2,313 : x. \quad x = 0,225.$$

Or, si en 360 jours 100 rapportent 4 $\frac{1}{2}$, en combien de jours 0,225 ? On a la proportion :

$$4,5 : 0,225 :: 360 : x. \quad x = 18 \text{ jours}.$$

655. Il reste à payer 333^f,50, et l'on paye à l'échéance 345,22 ; donc la somme 333,50 paye 11,72 en

7 mois 20 jours ou 230 jours. Ce que payeraient 100 dans le même temps est donné par la proportion :

$$333,50 : 100 :: 11,72 : x. \quad x = 3,5143.$$

Or, si dans ce temps la somme 100 paye 3,5143, combien payerait-elle en un an? C'est ce qu'apprend la proportion :

$$230 : 360 :: 3,5143 : x. \quad x = 5,50.$$

Donc l'intérêt est $5\frac{1}{2}$ p. 100 par an.

636. On escomptera (en dehors) le billet de 528ᶠ,50, payable dans 283 jours, à 4,50 p. 100 ; ce qui, au moyen des deux proportions ordinaires, le réduit à 509,80, valeur actuelle. On fera une opération semblable sur le billet de 498,30 payable dans 17 jours, ce qui le réduira à 497,24, valeur actuelle. La différence de ces deux valeurs étant 12,56, telle est la somme qu'il faut ajouter au deuxième billet pour lui donner une valeur égale à celle du premier.

637. Même procédé. — On trouve, en escomptant successivement les deux billets dans les conditions de la question, que la différence entre les deux valeurs réduites est 34ᶠ,68. — Telle est la somme qu'il faut ajouter au second.

638. On fera l'escompte en dedans des deux billets par les procédés ordinaires, et l'on trouvera, pour leurs valeurs réduites respectives, 90ᶠ,627 et 78,537. — La différence à ajouter au second est donc 12ᶠ,09.

639. Même procédé. — Escomptés en dedans, les deux billets se réduisent respectivement à 29ᶠ,103 et 35,985. — Différence, 6,751, qu'il faut ajouter au plus petit.

640. Même procédé. — Escomptés en dedans, les deux billets se réduisent respectivement à 83ᶠ,18 et 103,80. —

La différence est 20^f,62, qu'il faudra ajouter au plus petit.

641. Appelons x l'intérêt de 100 à l'année. Pour 9 mois, ou 270 jours seulement, on aura $\frac{270}{360}$ de x, ou simplement les $\frac{3}{4}$ de x; et pour 61 fr., qui sont les $\frac{61}{100}$ de 100, on aura les $\frac{61}{100}$ de cet intérêt, ou $0,61 \times \frac{3}{4} = 0,4575$ de x; et il restera pour la valeur du premier billet escompté en dehors, 61 *moins* $0,4575$ *de* x. On trouve de même pour l'expression de la valeur réduite du second billet, 80 moins $\frac{103}{360} \times \frac{80}{100}$ de x, ou 80 moins $0,2289$ de x. Or, en ajoutant 20,20 à la première de ces deux valeurs, on la rend égale à la seconde; donc, 81,20 moins $0,4575$ de x équivalent à 80 moins $0,2289$ de x; ou, en ôtant 80 de part et d'autre de ces quantités égales, il reste 1,20 moins $0,4575$ de x, égal à $0,2289$ de x; d'où il est évident que 1,20 est la différence de ces deux fractions de x; différence égale à $0,2286$ de x. Or, si $\frac{2286}{10000}$ de $x = 1,20$, un seul $\frac{1}{10000}$ vaudra 2286 fois moins, et $\frac{10000}{10000}$, ou le tout, vaudront 10000 fois plus; donc, il faut multiplier 1,20 par 10000, et diviser par 2286. Le quotient est 5,25. — Tel est le taux.

642. Même marche que dans le cas précédent. — On arrive à ceci, que 121 diminués de $\frac{121}{100} \times \frac{25}{360}$ de x, valent autant que 113 diminués de $\frac{11}{12} \times \frac{113}{100}$ de x, et augmentés de 12,28. En réduisant, on trouve que la différence entre 121 et 113, plus 12,28 ou 125,28, différence égale à 4,28, est aussi égale à la différence de deux fractions, qui est $0,2286$ de x. On est donc conduit à multiplier 4,28 par 10000, et à diviser par 2286. — On trouve ainsi 4,50 p. 100.

643. En procédant comme à l'ordinaire pour escompter en dehors le billet de 701 fr. payable dans 100 jours à 4 p. 100 par an, on trouve qu'il se réduit à 693^f,211. En ajoutant à cette valeur réduite 234,21, on a 927^f,421 pour équivalent de la valeur réduite du billet de 951 fr. Ce billet a donc perdu par l'escompte 23^f,58. Ce que perdrait la somme 100 dans les mêmes circonstances est donné par la proportion :

$$951 : 100 :: 23,50 : x. \qquad x = 2,4795.$$

Or, 100 rapportant 4 par an, ou en 360 jours, on trouvera le temps pendant lequel ils rapportent 2,4795 par la proportion :

$$4 : 2,4795 :: 360 : x. \qquad x = 223 \text{ jours environ.}$$

Telle est l'échéance du premier billet.

644. On cherche d'abord la valeur réduite du billet de 602 fr. escompté en dedans, mais d'avance, à 6 p. 100 par an, et l'on trouve par les moyens ordinaires 587,317. Si l'on en retranche 105,80, le reste 481,517 donne, d'après l'énoncé, la valeur réduite du second billet 508. De 508 à 481,517, la différence est 26,483 ; ce nombre, d'après les principes de l'escompte en dedans, représente l'intérêt, non de 508, mais de 481,517, pendant le temps inconnu. On aura par la proportion suivante ce que 100 rapporteraient dans le même temps :

$$481,517 : 100 :: 26,483 : x. \qquad x = 5,50.$$

Reste à savoir en combien de temps 100 rapportent cette somme, quand ils rapportent 6 en un an. C'est ce qu'on apprend par la proportion suivante :

$$6 : 5,50 :: 360 : x. \qquad x = 330 \text{ jours.}$$

Telle est l'échéance du second billet.

645. Si l'on retranche d'abord 17 litres de vin, il n'en reste plus que 207. Lorsqu'après avoir ramené le tout à 224 par addition d'eau, on en prend 45 litres, ce n'est pas 45 litres de vin pur qu'on ôte, mais 45 litres d'un mélange dans lequel le vin pur n'entre que pour le quatrième terme de la proportion :

$$224 : 207 :: 45 : x. \quad x = 41^{l},588.$$

Ainsi, on n'a ôté de vin pur jusqu'ici que 17^{l}, plus $41^{l},588$; ensemble, $58^{l},588$, qu'on remplace par de l'eau, de manière à avoir toujours 224 litres, sur lesquels il n'y a plus que $165^{l},41$ de vin pur. Du mélange, on prend les $\frac{4}{15}$, c'est-à-dire les $\frac{4}{15}$ de 224, qui sont 59,733 qu'on remplace par de l'eau. Le vin qu'on enlève ainsi n'est qu'une portion de 59,733, et le quatrième terme de la proportion :

$$224 : 165,41 :: 59,733 : x. \quad x = 44,11.$$

Ce n'est donc que $44^{l},11$ de vin pur qu'on enlève. Il n'y en avait que $165^{l},41$; retranchant encore 44,11, on trouve que, sur les 224 litres de mélange, il ne reste que $121^{l},30$ de vin pur. Or, le prix du mélange total est de 224 fois 0,55, puisque le prix du litre est 0,55; donc le total coûte $123^{l},20$. C'est le prix de 224 litres d'abondance, ou de $121^{l},30$ de vin pur; donc, on obtiendra le prix du litre de vin pur en divisant le prix total 123,20 par 121,30, nombre des litres, ce qui donne $1^{f},0156$.

646. En retranchant 42 litres de vin et remplaçant par de l'eau, on n'a plus que 266 litres de vin pur. Si l'on ôte 42 litres du mélange 308, on prend moins de 42 litres de vin réel. Ce qu'on en prend est le quatrième terme de la proportion :

$$308 : 266 :: 42 : x. \quad x = 36,2727.$$

Retranchant de 266, on trouve que, sur les 308^{l} du nouveau mélange, on n'a plus que $229^{l},727$. Si l'on retire encore les $\frac{8}{31}$ de 308^{l}, ou $79^{l},484$, on retranche une partie de vin pur qui est le quatrième terme de la proportion :

$$308 : 79,484 :: 229^{\text{l}},727 : x. \qquad x = 59^{\text{l}},284.$$

Retranchant ce nombre de $229^{\text{l}},727$, on trouve qu'il ne reste plus que $170^{\text{l}},443$ de vin pur. Mais, au lieu de remettre $79^{\text{l}},484$ d'eau pour reformer un mélange de 308^{l}, on verse un mélange d'eau et de vin où celui-ci entre pour $\frac{1}{5}$; c'est-à-dire pour $15^{\text{l}},897$. Ajoutant ce nombre à $170^{\text{l}},443$, on a finalement $186^{\text{l}},34$ pour le vin pur contenu dans le mélange 308^{l}. Or, ce mélange, à raison de $0^{\text{f}},61$ le litre, coûte $187^{\text{f}},88$; tel est donc aussi le prix du vin réel $186^{\text{l}},34$; donc, on aura le prix du litre en divisant le prix total $187,88$ par le nombre des litres, $186,34$, ce qui donne $1^{\text{f}},008$.

647. Il ne reste plus du premier hectolitre que ses $\frac{17}{20}$ ou 85 litres d'eau-de-vie pure. Puisque du second on ôte $\frac{2}{11}$ qu'on remplace aussi par de l'eau, il reste les $\frac{9}{11}$ de cet hectolitre, ou de 100 litres, qui sont $81^{\text{l}},818$. On a donc en tout $166^{\text{l}},818$ d'eau-de-vie pure sur 200 litres de mélange. L'hectolitre de celui-ci valant $123^{\text{f}},40$, les 2 hectolitres valent $246^{\text{f}},80$, qui sont par conséquent aussi le prix des $166^{\text{l}},818$ d'eau-de-vie pure. On aura donc le prix d'un litre en divisant $246^{\text{f}},80$ par $166,818$; ce qui donne $1^{\text{f}},48$.

648. Après la première opération, on n'a plus que 196 grammes d'or. Si on prend les $\frac{3}{22}$ de l'alliage, on prend les $\frac{3}{22}$ de 196 gr. d'or, et il n'en reste plus que les $\frac{19}{22}$, ce qui donne $169^{\text{gr}},273$. On a donc seulement $169^{\text{g}},273$ d'or sur un alliage de 225 grammes qui coûte $2^{\text{f}},35$ le gramme, ou en tout $528^{\text{f}},75$; donc, on aura le prix du gramme d'or en divisant ce prix total par

169^{gr},273. Le quotient donne pour prix du gramme d'or
3^f,123.

649. Après le premier remplacement, il ne reste plus
que 265 grammes d'or. On ajoute 41 grammes d'argent,
qui sont en valeur l'équivalent d'un certain nombre de
grammes d'or 15 fois $\frac{1}{2}$ moindre, et qu'on obtiendra par
conséquent en divisant 41 par 15,5, ce qui donne 2,6451;
donc, nous avons un lingot équivalent à 267^{gr},6451 d'or
pur. Le gramme d'alliage vaut 2^f,55, et il y a 306 grammes, ce qui donne pour prix total du lingot 306 fois 2,55
ou 780^f,30. Mais c'est le prix d'un équivalent d'or pur de
267^{gr},6451. On aura donc le prix d'un gramme d'or pur
en divisant 780^f,30 par 267,6451; ce qui donne 2^f,916.
—En divisant ce prix par 15,5, on trouve pour le prix
du gramme d'argent 0^f,188.

650. Les $\frac{4}{9}$ de 142 et de 22 étant respectivement
63,111 et 9,777, il ne restera de l'or que 78^{gr},888, et de
l'argent que 12^{gr},222. Les $\frac{4}{9}$ du tout ou de 164 gr. d'alliage étant 72,888, on ajoutera précisément cette quan-
tité d'argent, ce qui portera la quantité de ce métal à
85^{gr},111 contre 78^{gr},888 d'or. En divisant 85^{gr},111 par
15,5 comme ci-dessus, on aura un quotient 5,491, qui
sera l'équivalent de l'argent en or; de sorte que le lingot
d'alliage aura la même valeur que s'il était composé de
85^{gr},111, plus 5^{gr},491, ou 90^{gr},602 d'or pur. Le gramme
d'alliage valant 1^f,85, les 164 gr. vaudront 303^f,40; et
si l'on divise ce produit par 90,602, on aura pour prix
d'un gramme d'or pur 3^f,349. — En divisant par 15,5,
on trouve, pour le prix du gramme d'argent, 0^f,216.

651. Il résulte de l'énoncé, que le louis du Canada est
au franc comme 24 fois 20 ou 480 est à 22,50; donc, on
aura en francs la valeur du louis en cherchant combien

5.

de fois 22,50 sont contenus dans 480. Le quotient est 21,333; donc, 10 louis valent 213^f,333, qui sont aussi la valeur de 9 livres sterling du Canada. On aura ce que valent 13 livres sterling par la proportion :

$$9 : 13 :: 213,333 : x. \quad x = : 308^f,15.$$

652. A 25^f,53 la livre, 27 livres $\frac{6}{10}$ vaudront 25,53 multipliés par 27,6 ou 704^f,63. C'est en même temps la valeur de 130 dollars. On aura la valeur de 29 dollars et $\frac{1}{2}$ par la proportion :

$$130 : 29,5 :: 704^f,63 : x. \quad x = 159^f,90.$$

Ceci est en même temps l'équivalent de 30 piastres. On aura la valeur de 22 p. $\frac{3}{4}$ par la proportion :

$$30 : 22,75 :: 159,90 : x. \quad x = 121^f,26.$$

653. Si l'on donne 17^f,22 pour 5 grammes d'or, on donnera $\frac{1}{5}$ de plus pour 6 grammes, qui coûteront par conséquent 20^f,665, et seront le prix de 93 grammes d'argent; donc, pour un gramme d'argent on aura 93 fois moins, et pour 34 grammes, 34 fois plus. On multipliera donc 20^f,665 par 34, et l'on divisera par 93. Le produit st le prix de 34 grammes d'argent ou de 11 grammes de platine; en divisant par 11, on aura le prix d'un gramme, et en multipliant par 125, celui de 125 grammes. Le résultat de ces divers calculs est le nombre 85^f,86.

654. Il suffit de la proportion suivante : Si pour 85^f,86 on a 125 gr. de platine, pour 1000 fr. combien en aurat-on?

$$85^f,86 : 1000 :: 125 : x. \quad x = 1455^{gr},87.$$

655. On peut procéder à cette recherche de diverses manières, et particulièrement par les proportions. Ainsi, la première proportion :

$$62 : 8 :: 13 : x. \quad x = \frac{104}{62}.$$

Cette valeur de x est ce qu'on doit donner de fromage de

Roquefort pour 8 fromages de Brie, ou leur équivalent 5 fromages de Hollande. Ce qu'on doit donner de ceux-ci pour 37 fromages de Roquefort se trouve par la proportion :

$$\tfrac{104}{62} : 37 :: 5 : x. \qquad x = 110,3.$$

Ainsi l'on donnera un peu plus de 110 fromages de Hollande pour 37 Roquefort.

656. Même procédé, si ce n'est qu'on aura les trois proportions successives :

$$55 : 11 :: 42 : x. \qquad x = 8,4.$$

Ainsi, on aura $8^h,4$ de blé pour 11 de seigle, ou leur équivalent 18^h d'orge. — On a ensuite :

$$18 : 21 :: 8,4 : x. \qquad x = 9^h,8.$$

Ainsi, l'on aura $9^h,8$ de blé pour 21 hectolitres d'orge, ou leur équivalent 28 hectolitres d'avoine. Enfin, l'on aura la troisième proportion :

$$9,8 : 88 :: 28 : x. \qquad x = 251,43.$$

Ainsi l'on donnera un peu plus de 251 hectolitres d'avoine pour 88 hectolitres de blé.

657. On cherche d'abord par la proportion suivante ce que valent en bouteilles de Madère 18 bouteilles de Frontignan :

$$25 : 18 :: 12 : x. \qquad x = 8,64.$$

Or, 9 de Malaga étant l'équivalent de 18 Frontignan, 9 de Malaga, et par conséquent 16 de Lunel, vaudront en Madère 8,64. Si 9 de Malaga valent 8,6, les 36 bouteilles de Malaga vaudront 4 fois 8,64, ou 34,56, c'est-à-dire un peu plus de 34 bouteilles et demie de Madère. Il est facile de reconnaître que la considération des 16 bouteilles de vin de Lunel est étrangère à la question, si ce n'est pour établir l'identité de 9 de Malaga contre 18 de Frontignan.

658. On aura, comme au n° 56, les trois proportions :

$$102 : 220 :: 45 : x. \qquad x = 97,06.$$

On a donc $97^k,06$ d'huile pour 220 de sucre, ou leur équivalent 72 kilogrammes de café : puis :

$$72 : 40 :: 97,06 : x. \qquad x = 53,922.$$

On aura donc $53^k,922$ d'huile pour 40 kilogrammes de café, ou leur équivalent 34 kilogrammes de chocolat. Ces 34 kilogrammes, à raison de $4^f,90$ le kilogramme, coûteront $166^f,60$. Tel est donc le prix de $53^k,922$ d'huile. On aura le prix de 22 kilogrammes par une troisième proportion :

$$53,922 : 22 :: 166,60 : x. \qquad x = 67^f,973.$$

659. On ramène les deux parcours au même temps. Ainsi, la première parcourant 17 kilomètres en 13 minutes, combien en parcourrait-elle en 52 minutes ? C'est ce qu'apprend la proportion :

$$13 : 52 :: 17 : x, \qquad x = 68.$$

Donc, dans un même temps, 58 minutes, les deux locomotives parcourent, l'une 89 kilomètres, l'autre 68 ; le rapport des vitesses est donc

$$:: 89 : 68, \text{ ou } \tfrac{89}{68}, \text{ ou } 1,3088.$$

660. Comme dans le cas précédent. — On arrive au résultat 1,18.

661. La première parcourt 61, quand l'autre parcourt 40. — On saura par la proportion suivante le chemin que fait la seconde pendant que la première fait 72 kilom. :

$$61 : 40 :: 72 : x. \qquad x = 47^k,2131.$$

Tel est le chemin parcouru par la seconde en $2^h,5^m$, ou 125 minutes. — Il s'agit de savoir ce qu'elle parcourt en $1^h,22^m$, ou 82 minutes. C'est ce qu'on saura par la proportion :

$$125 : 82 :: 47,2131 : x. \qquad x = 30^k,97.$$

662. Le rapport des vitesses étant 1,27, quand l'une parcourt 90 kilomètres, l'autre parcourt ce même chemin, plus ses 27 centièmes, ou 90 multipliés par 1,27; ce qui donne 114^k,3. Ce dernier chemin est parcouru en 2^h,42^m, ou 162 minutes. Pour savoir en combien de temps 114^k,3 seront parcourus, on a la proportion :

$$114,3 : 131 :: 162 : x. \quad x = 98^m,2,$$

ou 1 heure 38 minutes environ.

663. Après autant d'années que 11 minutes 12 secondes, ou 672 secondes, sont contenues dans 86400 secondes, équivalent de 24 heures. Le quotient, qui exprime des années, est 128^n,57.

664. En changeant 6 heures en 360 minutes, on a la proportion :

$$6 : 360 :: 355 : x. \quad x = 21300^m, \text{ ou } 21^k,300.$$

Ainsi, l'avance se trouvera de 21 kilomètres 300 mètres.

665. Si l'avance est de 1100 mètres en 13^m 22^s, ou 802 secondes, on trouvera le temps correspondant à une avance de 10000 mètres par la proportion :

$$1100 : 10000 :: 802 : x. \quad x = 121^m 31^s = 2^h 1^m 31^s.$$

666. Après 5 mois 8 jours, ou 158 jours, le commis a économisé 158 fois 4^f,30, différence entre ce qu'il reçoit par jour et ce qu'il dépense : cette économie monte à 679^f,40 ; mais il a gagné en ce temps 8039 fr. L'excédant 7359^f,60 représente donc les 7 p. 100 des marchandises qu'il a vendues. Or, si les 7 centièmes de la vente valent 7359,60, un centième vaudra 7 fois moins, et le tout, ou les 100 centièmes, cent fois plus. Il faut donc multiplier par 100, et diviser par 7 ; ce qui revient à diviser par 0,07. Le quotient est 105138 fr. environ.

667. Le commis gagne par jour la différence de 4^f,60 à 9^f,30, ou 4^f,70, qu'il faut multiplier par 10^m

20ᶠ., ou 320 jours ; ce qui donne pour produit 1504 fr. Mais son bénéfice total est 4931 ; différence, 3427 fr., qui représentent les 6 p. 100 qu'il gagne sur les marchandises. On est conduit comme ci-dessus à diviser 3427 par 0,06 ; le quotient est 57117,67 ; donc, il a vendu pour 57117 fr. environ.

668. A raison de 260 fr. par mois, le commis a gagné en 10 mois 2600 fr., et en 13 jours, les 13/30 de 260, ou 119ᶠ,33 ; ensemble, 2719ᶠ,33. S'il a vendu pour 62010 fr., il a gagné $5\frac{1}{2}$ p. 100, ou le centième 620,10 multiplié par 5,5 ; ce qui donne 3410,55. En ajoutant cette somme à 2719,33, on a un total gagné de 6129ᶠ,88 ; mais il ne reste d'économie que 4507,28. La différence 1622ᶠ,60 est donc la dépense faite en 313 jours ; et en divisant 1622,60 par 313, on aura la dépense journalière. Le quotient est 5ᶠ,184.

669. On trouve d'abord que les 9 p. 100 de 47200 fr. sont 4248 fr. Une dépense de 7ᶠ,10 pendant 183 jours donne 1299ᶠ,30, qui, retranchés du gain précédent, laissent un excédant de 2948ᶠ,70. Mais l'économie totale est de 5122 ; la différence en plus, 2173ᶠ,30, représente donc les appointements de 183 jours ; et, en divisant par 183, on a 11ᶠ,876 pour traitement journalier, d'où par mois 356ᶠ,28.

670. Les 7 p. 100 sur 51000 donnent d'abord 3570 fr. Les 5ᶠ,50 pendant 155 jours donnent 852ᶠ,50 ; retranchant cette dépense, on a un excédant de 2717ᶠ,50. Mais l'économie totale est de 4017,50 ; la différence 1300ᶠ,50 représente les appointements de 155 jours, ce qui, par la division, donne 8ᶠ,39 par jour ; d'où, par mois, 251ᶠ,70.

671. S'il dépensait 4ᶠ,50 par jour, il dépensait 135 fr. par mois ; mais il en recevait 280 ; donc, il économisait par mois 145 fr. En 7 mois et 8 jours il a donc acquis 7 fois 145, plus les $\frac{8}{30}$ de 145 ; ensemble, 1089^f,67. La différence avec 2093,67 , ou 1004^f., représente donc le tant pour 100 qu'il a reçu pour 26000 fr. de marchandises. On a pour déterminer ce tant p. 100 la proportion :

$$26000 : 100 :: 1004 : x. \qquad x = 4.$$

Ainsi le commis recevait 4 p. 100.

672. A 8^f,50 par jour, la recette est de 255 fr. par mois, qui, par la réduction de 132 fr. de dépense, donnent 123 fr. d'économie mensuelle. En 3 mois 10 jours , on aura trois fois cette somme, et un tiers ; ensemble, 410 fr. L'économie totale est 999^f,50 ; la différence, 589^f,50, représentant le tant pour cent net 13100 fr. de marchandises vendues. On aura la proportion :

$$13100 : 100 :: 589,50 : x. \qquad x = 4,5.$$

Le commis recevait 4 $\frac{1}{2}$ p. 100.

673. A raison de 195 fr. par mois, en 9 mois et 20 jours le commis recevra 1885^f. ; mais il a reçu en tout 2322 fr. La différence 437 fr. est ce qu'il a reçu en 3 p. 100 sur le produit net. La valeur de ce produit est donc le quatrième terme de la proportion :

$$3 : 437 :: 100 : x. \qquad x = 14566^f,67 ;$$

mais le produit net est les $\frac{67}{99}$ du produit brut, ou autrement, est au produit brut comme 67 est à 99 ; donc on aura le produit brut par la proportion :

$$67 : 99 :: 14566,67 : x. \qquad x = 21524^f.$$

674. Même procédé.—En 10 mois 20 jours, le commis reçoit de traitement 1813^f,33. — Différence avec 3125 fr. de recette totale 1311^f,67, qui représentent les 2 $\frac{1}{2}$ p. 100 du produit net. On trouve celui-ci par la proportion :

$$2,5 : 1311,67 :: 100 : x. \qquad x = 52466^f 80 ;$$

mais ce produit net est au produit brut :: 21 : 25.

Ce sera le quatrième terme de la proportion :

$$21 : 25 :: 52466,80 : x. \qquad x = 62455^f,71.$$

675. A 150 fr. par mois, en 5 mois $\frac{1}{2}$ le commis aura dû recevoir 825 fr.; mais il a touché 2331 fr. La différence 1506 est ce qu'il reçoit à raison de $1\frac{1}{2}$ p. 100 sur le produit brut. Celui-ci est le quatrième terme de la proportion :

$$1,5 : 1506 :: 100 : x. \qquad x = 100400 \text{ fr.}$$

Le produit net est à celui-ci :: 13 : 20; on l'aura donc par la proportion :

$$20 : 13 :: 100400 : x. \qquad x = 65260 \text{ fr.}$$

676. Le produit brut est les $\frac{19}{12}$ du produit net; on aura donc celui-ci par la proportion :

$$19 : 12 :: 41005 : x. \qquad x = 25897^f,90.$$

En prenant 3 p. 100 de ce produit, on obtient $776^f,94$. Le commis a reçu 1586,94; donc son traitement propre pour 4 mois $\frac{1}{2}$ s'est élevé à 810 fr.; donc ce traitement est le quotient de 810 divisés par 4,5, ou 180 francs.

677. En prenant les $\frac{31}{21}$ de 33201 fr., ce qui donne 49011, on a le produit brut, dont les $2\frac{1}{2}$ p. 100 sont 1225,275. Le commis ayant reçu $2520^f,83$, a donc reçu la différence ou 1295,565 pour son traitement de 212 jours. On aura celui de l'année par la proportion :

$$212 : 360 :: 1295,565 : x. \qquad x = 2200^f,01.$$

678. Si, pour un an ou 360 jours, le commis reçoit 1900 fr., pour 10 mois 10 jours ou 310 jours, il recevra le quatrième terme de la proportion :

$$360 : 310 :: 1900; x. \qquad x = 1636^f,11.$$

Retranchant de $2481^f,56$, on a un reste $845^f,45$, qui est la valeur du tant p. 100. En prenant les $\frac{6}{11}$ de 62000 fr., on a 33818^f,18 pour le produit net. On aura le tant pour 100 donné au commis par la proportion :

$$33818,18 : 100 :: 845,45 : x. \qquad x = 2,5 \text{ p. } 100.$$

679. Pour les $\frac{7}{8}$ de 30102, on trouve d'abord 26339,25, tel est le produit net. A 1850 fr. de traitement pour 360 j., le commis recevra pour 102 jours le quatrième terme de la proportion :

$$360 : 102 :: 1850 : x. \qquad x = 524^f,17.$$

Il a touché en tout 985^f,11. La différence 460^f,94 est le tant pour 100 reçu pour 26339^f,25. On aura donc la proportion :

$$26339,25 : 100 :: 460^f,94 : x. \qquad x = 1,75 \text{ p. } 100.$$

680. On changera 22 heures en 1320 minutes, et 5^h 19^m en 319 minutes. L'avance de midi à 5^h 19^m sera évidemment donnée par la proportion :

$$1320 : 17 :: 319 : x. \qquad x = 4,108.$$

Ainsi l'avance sera de 4 minutes, et une fraction qui, multipliée par 60, donne 6,48, ou 6 sec. $\frac{1}{2}$; donc la montre marquera 5^h 23^m 6^s $\frac{1}{2}$, quand l'horloge dira 5^h 19^m.

681. La montre avançant de 8 min. en 13^h ou 780^m, en 11^h 56^m, ou 716 min., elle avancera du quatrième terme de la proportion :

$$780 : 716 :: 8 : x. \qquad x = 7^m,3436, \text{ ou } 7^m 20^s,6 ;$$

donc, quand l'horloge dira 11^h 56^m, la montre marquera de plus 7^m 20^s,6, et dira par conséquent 12^h 3^m 20^s,6.

682. Si elle retarde de 7 minutes par 12^h, ou 720 minutes, elle retardera en 8^h 5^m, ou 485^m, du quatrième terme de la proportion :

$$720 : 485 :: 7 : x. \qquad x = 4,715, \text{ ou } 4^m 43^s ;$$

donc à 8^h 5^m du soir, elle marquera seulement 8^h 0^m 17^s

683. Si la montre retarde de 9 min. en 6^h ou 360^m, elle retardera en 7^h 35^m ou 455 min. du quatrième terme de la proportion : 360 : 455 :: 9 : x. $x = 11^m,375$; donc, quand la montre dira 7^h 35^m, elle sera en retard de 11$^m,375$; donc une bonne pendule marquera 11$^m,375$ de plus, ou 7^h 46$^m,375$, c'est-à-dire 7^h 46^m 22$^s,5$.

684. Il résulte de l'énoncé que la montre avance de 7 min. en 7^h 35^m, ou en 455 min. Elle avancera en 36 heures ou 2160 min. du quatrième terme de la proportion : 455 : 2160 :: 7 : x. $x = 33^m$ 23 ou 33$^m,14^s$ environ.

685. A partir de midi, l'horloge a retardé de 5^m $\frac{1}{2}$ sur le cadran, et cela en 5^h 8^m ou 308 min. En 24 h. ou 1440 min., elle retardera du quatrième terme de la proportion :

$$308 : 1440 :: 5,5 : x. \quad x = 25^m,714 = 25^m 42^{sec},8.$$

686. Quand le cadran marquera 5^h 53^m, ce temps se composera de trois parties, savoir : l'heure véritable à ce moment, les 7^m dont le cadran avançait à midi, et ce dont il a avancé encore depuis midi, à raison de 1^m 12^s ou 72^{sec} en 24 heures. De 5^h 53^m nous ôterons d'abord les 7 min., ce qui réduit à 5^h 46^m, nombre encore composé de l'heure véritable, plus la seconde avance. Pour avoir l'heure véritable, nous considérerons que les 24 h. ou 86400 sec. donneraient une avance de 72 sec., ce qui ferait 86472. Or il y a même rapport entre 86472 sec. et 86400 sec. qu'entre 5^h 46^m ou 20760 sec., et un nombre inconnu dont l'avance proportionnelle ajoutée à ce nombre donnerait 20760. On aura donc ce nombre par le quatrième terme de la proportion :

$$86472 : 86400 :: 20760 : x. \quad x = 20742^s,7.$$

Donc, en changeant en minutes et en heures, on trouve

5^h· 45^m· 42^s·, 7 pour l'heure véritable quand le cadran dit 5^h· 53^m·.

De son côté, l'horloge avançant de 6^m· 6^s· ou 366^s· en 24 heures, elle avancera en 5^h· 45^m· 42^s·, 7 du quatrième terme de la proportion :

$$86400 : 20742,7 :: 366 : x. \qquad x = 87^s,87.$$

Elle avançait déjà à midi de 5^m· 40^s·; ajoutant ces deux nombres, on a 7^m· 8^s· pour l'avance de l'horloge, quand l'heure véritable est 5^h· 45^m· 43^s·; donc l'horloge marquera 5^h· 52^m· 50^s· alors que le cadran dira 5^h· 53^m·.

687. L'horloge avance de 22 sec. par heure ou par 3600 sec., de sorte qu'au bout de ce temps elle indiquera 3622 sec., qui ne font que 3600 sec. réelles. Il s'agit de savoir à quoi se réduisent proportionnellement les 4^h· 25^m· écoulées à l'horloge, et diminuées au préalable des 9 min. qui constituent son avance à midi, ce qui réduit à 4^h· 16^m· ou 15360 sec. On aura cette valeur réduite par la proportion :

$$3622 : 3600 :: 15360 : x. \qquad x = 15266^s,7.$$

Réduisant en minutes et heures, on trouve que lorsque l'horloge marquera 4^h· 25^m·, il sera 4^h· 14^m· 26^s·,7, heure véritable.

De son côté, le cadran avançant de 55^s· en 24 heures ou 86400 sec., on trouvera son avance pendant le temps ci-dessus par la proportion :

$$86400 : 15266,7 :: 55 : x. \qquad x = 9^s,7.$$

Mais le cadran avait déjà à midi 3^m· 11^s· d'avance; il aura donc 3^m· 20^s·,7 d'avance sur l'heure véritable 4^h· 14^m· 10^s·; donc il marquera 4^h· 17^m· 31^s· alors que l'horloge dira 4^h· 25^m·.

688. Le contribuable paye les $\frac{6}{12}$, puis les $\frac{3}{4}$ des $\frac{7}{12}$ restants ou $\frac{21}{48}$, ensemble $\frac{41}{48}$ de ses impositions. Il paye ensuite les $\frac{11}{12}$ de $\frac{45}{100}$ ou $\frac{495}{1200}$. Additionnant cette dernière fraction avec $\frac{41}{48}$, on trouve, réduction faite, qu'il a payé les $\frac{19}{15}$ de ses impositions primitives, ce qui donne, d'après l'énoncé, 311^f,50; donc $\frac{1}{15}$ vaudra 19 fois moins, et $\frac{15}{15}$ ou le tout, 15 fois plus. Multipliant par 15 et divisant par 19, on trouve 245^f,895.

689. Le contribuable payé $\frac{3}{12}$ ou $\frac{1}{4}$, puis $\frac{19}{10}$ des $\frac{3}{4}$ ou $\frac{27}{40}$, ensemble $\frac{37}{40}$; puis les $\frac{3}{4}$ de $\frac{11}{100}$ ou $\frac{33}{400}$, qui avec $\frac{37}{40}$ ou $\frac{370}{400}$ donnent $\frac{403}{400}$ payés, ce qui répond à 613^f, 15. On reconnaît comme ci-dessus qu'il faudra multiplier ce nombre par 400, et diviser par 403. Le résultat du calcul est 608^f,58.

690. Le contribuable paye $\frac{7}{12}$, puis $\frac{9}{20}$ des $\frac{5}{12}$ restants ou $\frac{45}{240}$, ensemble $\frac{185}{240}$. Il reste à payer les $\frac{55}{240}$, dont le propriétaire paye les $\frac{5}{6}$, et le locataire $\frac{1}{6}$ seulement. Or $\frac{1}{6}$ de $\frac{55}{240} = \frac{55}{1440}$ ou $\frac{11}{288}$. Cette fraction de ses impositions est représentée par 17^f,50. On trouve, en multipliant par 288 et divisant par 11, que le total des impositions est 458^f,18.

691. Le contribuable a payé $\frac{5}{8}$, puis $\frac{9}{12}$ de $\frac{3}{8}$; le tout ensemble donne $\frac{29}{32}$. Il reste à payer $\frac{13}{32}$; et, par l'effet du dégrèvement, il n'en paye que les $\frac{65}{100}$ ou $\frac{195}{3200}$. Cette fraction des impositions est représentée par 11,10; donc on aura le tout en multipliant par 3200 et divisant par 195. — Le résultat est 182$_f$,15.

692. Si l'on compte 58 sec. par 69 pulsations, 17 pulsations donneront en secondes le quatrième terme de la proportion :

$$69 : 17 :: 58 : x. \qquad x = 14^s,29.$$

Il faut multiplier 341 mètres par ce nombre : ce qui donne 4873 mètres.

693. Même procédé. — Le calcul donne pour résultat 10892 mètres.

694. Le balancier faisant 249 battements en 4^m· ou 240 sec., on saura en combien de secondes il en fait 153 par la proportion :

$$249 : 153 :: 240 : x. \qquad x = 147^s,47.$$

Tel est le nombre de secondes qui correspond à 75 pulsations. On trouvera le temps correspondant à 28 pulsations, par la proportion :

$$75 : 28 :: 147^s,47 : x. \qquad x = 55^s,055.$$

Il n'y a plus qu'à multiplier ce nombre de secondes par 341. — Ce qui donne 18774 mètres pour la distance cherchée.

695. L'intérêt 4 p. 100 par an devient en 158 jours le quatrième terme de la proportion :

$$360 : 158 :: 4 : x. \qquad x = 1,7555.$$

Ainsi une somme de 100 fr. devient après 158 jours 101^f,7555, de même que la somme inconnue avec ses intérêts pendant le même temps est devenue 319. On aura donc cette somme inconnue par la proportion :

$$101,7555 : 100 :: 319 : x. \qquad x = 313^f,50.$$

696. Si l'on a 4 p. 100 par an ou par 12 mois, on aura pour 2^a· 7^m·, ou 31 mois, le quatrième terme de la proportion :

$$12 : 31 :: 4 : x. \qquad x = 10,333.$$

Et au bout de ce temps la somme 100 vaudrait 110,333. — Quelle est la somme qui dans les mêmes circonstances donne 888^f,10 ? C'est ce qu'apprendra la proportion :

$$110,333 : 100 :: 888,10 : x. \qquad x = 804^f,92.$$

697. On trouve d'abord l'intérêt de 100 pour 22 jours par la proportion :

$$360 : 22 :: 4 : x. \qquad x = 0,2444,$$

et une somme 100 vaut, au bout de 22 jours, 100,2444. On a ensuite la proportion :

$$100,2444 : 100 :: 911,50 : x. \qquad x = 909^f,28.$$

698. De 750 à 813 il y a 63 fr., qui sont l'intérêt de 750 fr. A ce compte, 100 fr. rapporteraient un intérêt qui est le quatrième terme de la proportion :

$$750 : 100 :: 63 : x. \qquad x = 8^f,4.$$

Or, à raison de 4 par an, on aura le temps qui fournit 8,4 par la proportion :

$$4 : 8,4 :: 360 : x. \qquad x = 756 \text{ jours,}$$

ou 2 ans 1 mois 6 jours.

699. On cherche le capital de 33,25 au cours de 85 par la proportion :

$$5 : 33,25 :: 85 : x. \qquad x = 565^f,25.$$

Cette valeur étant les $\frac{3}{4}$ de la somme placée, on aura celle-ci en multipliant par 4 et divisant par 3 ; ce qui donne $753^f,67$.

700. On trouve, comme dans le cas précédent, que le capital de la rente est 1258,83. Ce sont les $\frac{3}{5}$ de la somme cherchée ; donc on aura celle-ci en multipliant par 5 et divisant par 3, ce qui donne $2098^f,05$.

701. La différence entre les deux fractions $\frac{5}{9}$ et $\frac{2}{11}$ est $\frac{37}{99}$; donc les $\frac{37}{99}$ du nombre cherché sont représentés par 74 ; donc $\frac{1}{99}$ est 37 fois moindre, et $\frac{99}{99}$ ou le tout, 99 fois plus grand ; donc on multipliera 74 par 99, et l'on divisera par 37. — Le résultat est 198.

702. On reconnaît, comme dans le cas précédent, que la différence entre les deux fractions $\frac{7}{12}$ et $\frac{3}{8}$, ou $\frac{5}{24}$ du nombre cherché, est représentée par 46 ; donc on aura $\frac{1}{24}$ en divisant par 5, et le tout en multipliant par 24, ou plutôt en multipliant d'abord par 24, et divisant par 5. — Le résultat est 220,8.

703. Même raisonnement. — On a deux fractions, $\frac{7}{10}$ et $\frac{3}{50}$, dont la différence $\frac{32}{50}$ est égale à 62 ; donc $\frac{1}{50}$ du nombre cherché vaut 32 fois moins, et les $\frac{50}{50}$ valent 50 fois plus. On multipliera donc 62 par 50 et on divisera par 32, ce qui donnera 96,875.

705. La différence des fractions $\frac{13}{20}$ et $\frac{27}{100}$ est $\frac{38}{100}$; donc les $\frac{38}{100}$ du nombre cherché valent 51. On est conduit, comme ci-dessus, à multiplier 51 par 100 et à diviser par 38, ce qui donne 134,21.

705. Même procédé. — La différence des deux fractions est $\frac{2}{15}$; donc on multipliera 19 par 15 et l'on divisera par 2. — Le nombre cherché est 142,5.

706. Même procédé. — La différence des fractions est $\frac{69}{220}$. On multipliera 105 par 220, et l'on divisera par 69. — Le nombre cherché est 334,78.

707. La différence des deux fractions est $\frac{377}{2100}$. On multipliera 6,5 par 2100, et l'on divisera par 377. — Le nombre cherché est 36,207.

708. La différence des deux fractions est $\frac{596}{1000}$. On aura donc à multiplier 13,20 par 1000, et à diviser par 576. — Le résultat est 22,15.

709. La différence des deux premières fractions est $\frac{43}{100}$, et la somme des deux secondes qu'on doit ajouter est $\frac{1148}{900}$. Le nombre 41 représente évidemment la différence de ces deux résultats, différence égale à $\frac{761}{900}$; ce qui nous amène à multiplier 41 par 900, et à diviser par 761. — Le résultat est 48,488.

710. La somme des deux premières fractions est $\frac{3383}{3000}$, et la différence des deux secondes est $\frac{157}{20}$. Le nombre 22 est donc la différence entre ces deux résultats ; cette différence est $\frac{41904}{6200}$; donc il faudra multiplier 22 par 6200, et diviser par 41904. — Le résultat est 3,255.

711. S'il faut augmenter de 7 le nombre inconnu pour le rendre égal à son triple diminué de 59, ce nombre est plus petit de 7 unités que son triple diminué de 59, ou autrement il est égal à cette seconde partie diminuée encore de 7, ou enfin il est égal à son triple diminué de 66 ; donc il faut que 66 représentent son double ; car du triple ôtant le double, on a le nombre cherché ; donc celui-ci est égal à 33.

712. Même raisonnement. — Le nombre cherché est de 23 unités plus petit que son quintuple moins 61, ou égal à son quintuple diminué de 61, et diminué encore de 23, ou au quintuple diminué de 84 ; donc ce nombre est égal à 4 fois l'inconnu ; donc celui-ci est le quart de 84 ou 21.

713. Le nombre inconnu est plus grand de 42 unités que son quadruple moins 196,5 ; donc il est égal à cette seconde partie augmentée de 42, ce qui diminue d'autant la partie soustractive, et la réduit à 154,5. Ainsi le nombre inconnu vaut son quadruple, moins 154,5 ; donc ce dernier nombre représente le triple ; donc le nombre inconnu est le tiers de 154,5, ou 51,5.

714. Si l'on réduit les deux fractions au même dénominateur, la question se présentera sous cette forme : Quel est le nombre dont les $\frac{7}{21}$, moins 75, valent autant que $\frac{9}{21}$, moins 101,667 ? — Or la différence entre les deux fractions ou $\frac{2}{21}$ du nombre cherché, est évidemment égale à la différence des deux nombres 75 et 101,667, ou à 26,667 ; donc on aura le nombre cherché en multipliant 26,667 par 21, et divisant par 2. — Le résultat est 280.

715. En réduisant les deux fractions au même dénominateur, on obtient $\frac{27}{99}$ et $\frac{88}{99}$, dont la différence $\frac{61}{99}$, prise du nombre inconnu, correspond évidemment à la différence

des deux nombres 42 et 2, ou 40 ; donc on aura à multiplier 40 par 99, et à diviser par 61. — Le résultat est
64,918.

716. Puisqu'il faut diminuer les $\frac{7}{15}$ de 33 unités pour
les rendre égaux aux $\frac{2}{11}$ plus 14, ces $\frac{7}{15}$ valent les $\frac{2}{11}$ augmentés de 14, et encore augmentés de 33, ou les $\frac{2}{11}$ du
nombre inconnu, augmentés de 47. La différence des deux
fractions est $\frac{47}{165}$; donc cette fraction du nombre inconnu
est égale à 47 ; donc on aura ce nombre en multipliant 47
par 165 et divisant par 47. — Le résultat est 165.

717. Si les $\frac{67}{100}$ du nombre inconnu doivent être augmentés de 11,3 pour égaler la seconde partie, ces $\frac{67}{100}$ sont
moindres que cette seconde partie, de 11,3, donc $\frac{67}{100}$
égalent cette seconde partie diminuée de 11,3 ; ou égalent
les $\frac{93}{97}$ diminués de 44,72 et diminués encore de 11,3, ou
diminués en tout de 56,02 ; donc la différence des 2 frac-
tions $\frac{67}{100}$, $\frac{93}{97}$, ou $\frac{2801}{9700}$ du nombre cherché, sont représentés
par ce nombre 56,02. On aura donc le nombre inconnu,
en multipliant 56,02 par 9700, et divisant par 2801. —
Le résultat est 194.

718. En additionnant les 2 premières fractions, on a
$\frac{445}{700}$; la somme des deux secondes est $\frac{254}{900}$. La question revient donc à celle-ci : Quel est le nombre dont les $\frac{445}{700}$,
diminués de 7,2, valent autant que ses $\frac{254}{900}$ augmentés de
24,07 ? Or, on reconnaît encore que la première fraction,
devant être diminuée pour équivaloir à la seconde partie,
est plus grande que cette seconde partie, ou égale à cette
seconde partie augmentée de 7,2. Celle-ci sera donc $\frac{254}{900}$,
augmentée de 24,07 plus 7,2, ou augmentée de 31,27.
Dans cet état, on reconnaît que ce nombre 31,27 repré-
sente la différence des 2 fractions $\frac{445}{700}$, $\frac{254}{900}$, laquelle est

6

$\frac{3127}{6300}$. On aura donc à multiplier 31,27 par 6300, et à diviser par 3127. — Le résultat est 63.

719. Même marche que dans le cas précédent. Les $\frac{8}{9}$ moins les $\frac{8}{100}$ valent les $\frac{428}{900}$, — et les $\frac{91}{100}$, augmentés des $\frac{3}{4}$, donnent $\frac{166}{100}$. En raisonnant comme ci-dessus, on voit que les $\frac{428}{900}$ du nombre inconnu égalent les $\frac{166}{100}$ de ce nombre, diminués de 106,32 et augmentés de 21,04; ce qui revient aux $\frac{166}{100}$, diminués de 85,28 seulement. Donc ce nombre 85,28 représente la différence des 2 fractions $\frac{166}{100}$, $\frac{428}{900}$, ou les $\frac{1066}{900}$ du nombre cherché. — On aura donc celui-ci en multipliant 85,28 par 900, et divisant par 1066; ce qui donne 72.

720. Le double d'un nombre augmenté de ses $\frac{3}{6}$, cela revient aux $\frac{13}{6}$ de ce nombre. Son triple moins sa moitié, cela revient à 5 moitiés, ou $\frac{5}{2}$ de ce nombre. La question est donc celle-ci : Quel est le nombre dont les $\frac{13}{6}$ diminués de 14 équivalent à ses $\frac{5}{2}$ diminués de 5 ? ou, en raisonnant comme ci-dessus, dont les $\frac{13}{6}$ équivalent aux $\frac{5}{2}$ moins 5, et augmentés de 14; ou enfin, ce qui revient au même, dont les $\frac{13}{6}$ équivalent aux $\frac{5}{2}$ augmentés de 9. Donc la différence des 2 fractions ou $\frac{1}{10}$ du nombre cherché est égale à 9. — D'où l'on conclut que le nombre inconnu était 9 fois 10, ou 90.

721. Comme dans le cas précédent. — La question revient à celle-ci : Trouver un nombre dont les $\frac{11}{3}$ moins 15 égalent les $\frac{487}{100}$ moins 144,96 — ou dont les $\frac{11}{3}$ égalent les $\frac{487}{100}$ moins 144,96 plus 15, ou enfin dont les $\frac{11}{3}$ égalent les $\frac{487}{100}$ moins 129,06 ? Donc le nombre 129,96 représente la différence des deux fractions $\frac{11}{3}$, $\frac{487}{100}$ ou $\frac{361}{300}$ du nombre inconnu. — Donc on obtiendra ce nombre en multipliant 129,96 par 300, et divisant par 361. — Le résultat est 108.

722. Les $\frac{7}{11}$ ajoutés au double des $\frac{85}{100}$ ou à $\frac{170}{100}$ ou $\frac{17}{10}$ font une somme égale à $\frac{257}{110}$. — De même $\frac{20}{21}$, diminués du triple de 0,06 ou de $\frac{18}{100}$, donnent $\frac{811}{1050}$. — La question revient donc à celle-ci : Trouver un nombre dont les $\frac{257}{110}$ moins 9,01 équivalent à ses $\frac{811}{1050}$, plus 192,7438 ; ou dont les $\frac{268}{110}$ équivalent à ses $\frac{811}{1050}$, plus 192,7438, plus encore 9,01, en tout 201,7538. Ce nombre représente donc la différence des deux fractions $\frac{257}{110}$, $\frac{811}{1050}$ ou $\frac{18064}{115500}$ du nombre cherché. On aura donc celui-ci en multipliant 201,738 par 115500, et divisant par 18064. — Le résultat est 129.

723. Même procédé. — Par la réduction des fractions, on arrive à poser la question sous cette forme : Trouver un nombre dont les $\frac{346}{100}$ plus 22,1 égalent ses $\frac{268}{30}$ moins 585,44, ou dont les $\frac{346}{100}$ égalent ses $\frac{268}{30}$ moins 585,44, et moins 22,1 ; ou enfin dont les $\frac{346}{100}$ égalent ses $\frac{268}{30}$ moins 607,54 ; donc ce dernier nombre représente la différence des 2 fractions ou $\frac{1642}{300}$ du nombre cherché. On aura donc celui-ci en multipliant 607,54 par 300, et divisant par 1642. — Le résultat est 111.

724. La $\frac{1}{2}$ moins le $\frac{1}{3}$, plus le $\frac{1}{4}$, donnent $\frac{5}{12}$. — Le $\frac{1}{4}$ plus le $\frac{1}{3}$, moins la $\frac{1}{2}$, équivalent à $\frac{1}{12}$. La différence de ces 2 fractions ou $\frac{4}{12}$ équivaut donc au nombre 4 : — Donc $\frac{1}{12}$ vaut 1, et $\frac{12}{12}$ ou le tout valent 12.

725. En réduisant les fractions, on arrive à poser la question de cette manière : Quel est le nombre dont les $\frac{3}{20}$ plus 210 équivalent à ses $\frac{9}{8}$ plus 25,725, ou dont les $\frac{3}{20}$ égalent les $\frac{9}{8}$ plus 25,725, moins 210, ou $\frac{9}{8}$ plus 184,275 ? Donc ce dernier nombre est égal à la différence des 2 fractions, ou à $\frac{39}{40}$ du nombre cherché. — Multipliant 184,275 par 40 et divisant par 39, on arrive à 189.

726. Les 2 fractions $\frac{1}{6}$ et $\frac{3}{7}$ équivalent ensemble à $\frac{22}{35}$;

de là à un entier, il reste $\frac{12}{13}$ qui sont représentés par $1^m,3$. Donc en multipliant 1,3 par 35 et divisant par 13, on aura la longueur cherchée, qu'on trouve ainsi de $3^m,50$.

727. Le $\frac{1}{4}$ et les $\frac{3}{21}$ valent $\frac{33}{84}$. Il reste $\frac{51}{84}$ de la bourse représentés par $8^f,50$. Donc on multipliera 8,50 par 84, et l'on divisera par 51. — Résultat, 14 francs.

728. La somme des 2 fractions $\frac{3}{4}$ et $\frac{1}{10}$ est $\frac{85}{100}$, et il reste $\frac{15}{100}$. Les $\frac{3}{4}$ de ce reste étant en congé, il n'y a plus à la caserne que $\frac{1}{4}$ de ce reste. Or $\frac{1}{4}$ de $\frac{15}{100}$, c'est $\frac{15}{400}$; donc cette fraction de troupe est égale à 30 hommes; on multipliera 30 par 400, et l'on divisera par 15. — Le résultat est 800 hommes.

729. Au bout de dix ans, Guillaume s'est endetté de $\frac{10}{7}$ de son revenu; Martin, au contraire, réservant $\frac{1}{6}$, se trouve, au bout de dix ans, avoir économisé $\frac{10}{7}$ ou deux fois son revenu. S'il prête à Guillaume $\frac{10}{7}$, il lui reste $\frac{4}{7}$; car ces 2 fractions réunies font 2. Donc les $\frac{4}{7}$ du revenu valent 1600. — Donc on aura le revenu commun en multipliant 1600 par 7, et divisant par 4. — Le revenu est donc 2800 fr.

730. La somme des 3 premières fractions est $\frac{11}{28}$. — La vie totale de Diophante se compose de ces $\frac{11}{28}$, plus de 5 ans, plus de la vie de son fils, qui est égale à $\frac{1}{2}$, plus de 4 ans dont il survécut à ce fils; autrement de $\frac{11}{28}$, plus $\frac{1}{2}$, plus 9 ans, ou $\frac{25}{28}$, plus 9 ans. Donc les $\frac{3}{28}$ qui manquent pour faire l'entier sont représentés par ces 9 ans; donc $\frac{1}{28}$ est de 3 ans; donc les $\frac{28}{28}$ ou le tout valent 28 fois 3, ou 84. — Donc Diophante a vécu 84 ans.

731. Après la première partie, il ne reste au joueur que $\frac{2}{5}$ de ses fonds, plus les 12 fr. qu'on lui donne. Après la seconde partie, il ne lui reste plus que les $\frac{2}{5}$ de son premier reste, c'est-à-dire les $\frac{2}{5}$ de $\frac{2}{5}$, et les $\frac{2}{5}$ de 12 fr. ou $\frac{4}{25}$ de son avoir primitif, plus $4^f,80$; or cela équivaut à $22^f,50$.

Donc les $\frac{4}{25}$ seulement valent 22^f,50 moins 4^f,80, ou 17^f,70. On aura donc le tout en multipliant 17,70 par 25, et divisant par 4. — Le résultat est 110^f,825.

752. A la seconde partie, le joueur perd les $\frac{5}{9}$ de 2 fois son avoir, et il lui reste $\frac{4}{9}$ de 2 ou $\frac{8}{9}$. Ce reste est augmenté de 10 fr.; il a alors $\frac{8}{9}$, plus 10^f, et il gagne les $\frac{3}{8}$ de cet avoir, ou $\frac{3}{8}$ de $\frac{8}{9}$, plus les $\frac{3}{8}$ de 10^f; ce qui revient à $\frac{3}{9}$ de ses fonds, plus 3^f,75. Ceci doit être ajouté à la somme $\frac{8}{9}$ plus 10^f qu'il possédait déjà : l'ensemble donne $\frac{11}{9}$, plus 13^f,75. Or, d'après l'énoncé, il a 151,25. En retranchant de ce nombre 13,75, ce qui réduit à 137^f,50, on voit que les $\frac{11}{9}$ de son avoir primitif valent 137,50. Donc, en multipliant par 9 et divisant par 11, on aura le nombre inconnu, qu'on trouve égal à 112^f,50.

753. Après la première partie, il reste $\frac{1}{2}$; après la seconde, $\frac{3}{2}$; après la troisième, $\frac{3}{8}$ de $\frac{3}{2}$ ou $\frac{9}{16}$. Il ajoute à cela 36 fr., et il lui restera, après la quatrième partie, $\frac{7}{9}$ de $\frac{9}{16}$, plus $\frac{7}{9}$ de 36 fr., ou $\frac{7}{16}$ de son avoir primitif, plus 28 fr. Mais il possède alors 98 fr.; d'où l'on voit aisément que les $\frac{7}{16}$ valent 98 moins 28 ou 70 fr. Donc, en multipliant 70 par 16, et divisant par 7, on aura l'avoir primitif, qu'on trouve être de 160 fr.

754. La somme des 3 fractions est $\frac{93}{120}$ ou $\frac{31}{40}$. La différence avec un entier est $\frac{9}{40}$, représentés par les 27 élèves qui restent à la maison. Donc $\frac{1}{40}$ vaudra 3, et les 40/40 vaudront 120.

755. La somme des 3 fractions est $\frac{8}{12}$ ou $\frac{2}{3}$. Il s'en faut d'un tiers qu'on n'ait le tout, et il s'en faut de 33 d'après l'énoncé. Donc, 33 sont le $\frac{1}{3}$ du nombre total. — Donc il y a 99 élèves.

756. Après la première distribution, il reste évidemment à la maîtresse $\frac{2}{3}$ de ce qu'elle avait, moins une demi-feuille. Si elle donnait la moitié de son reste, et que ce reste consistât en $\frac{3}{5}$ tout juste, elle donnerait $\frac{3}{10}$, et il lui resterait tout autant; mais comme il lui manque une demi-feuille, elle donne en moins la moitié de la demi-feuille qui lui manque; donc elle donne $\frac{3}{10}$ moins $\frac{1}{4}$ de feuille; donc il lui reste aussi $\frac{3}{10}$ moins $\frac{1}{4}$ de feuille. — Mais, outre la moitié de son avoir, elle donne encore une demi-feuille. Donc il lui reste $\frac{3}{10}$ moins $\frac{3}{4}$ de feuille. Or, d'après l'énoncé, il lui reste 32 feuilles et un quart. En raisonnant comme dans les problèmes précédents, on reconnaît que les $\frac{3}{10}$ du nombre cherché sont représentés par 32 feuilles, plus $\frac{1}{4}$, plus $\frac{3}{4}$, ou 33 feuilles. Donc on aura ce nombre en multipliant 33 par 10, et divisant par 3. — Il y avait donc 110 feuilles de papier.

737. On pourrait procéder comme dans le cas précédent; mais voici une autre méthode plus simple, applicable dans ces différents cas. En remarquant que les fractions qui entrent dans l'énoncé sont des demies et des cinquièmes qui auraient pour dénominateur commun 10, on prendra pour unité, non pas le poulet, mais le *dixième* de poulet. — Alors on raisonnera comme il suit :

En appelant x le nombre des poulets entiers qu'a la fermière, ce nombre en dixièmes sera exprimé par $10\,x$; et la fermière vendant la moitié ou $5\,x$, plus $\frac{1}{2}$ poulet ou plus 5 dixièmes, il est clair qu'il lui reste $5\,x$ moins 5. Elle donne ensuite le $\frac{1}{5}$ de ce reste, lequel cinquième est évidemment x moins 1, car 5 fois x moins 1 donnent 5 x moins autant de fois l'unité retranchée à x, ou x moins 5. Il lui reste donc 4 fois cela, ou $4\,x$ moins 4. — Mais elle donne de plus $\frac{3}{5}$ d'un œuf, ou 6 dixièmes, qui font 6 de nos unités. Donc, au lieu de $4\,x$ moins 4, il lui reste $4\,x$ moins 10. Or cela, d'après l'énoncé, fait 9 poulets, ou 90 dixièmes. Donc 4 x valent 100 unités, et x vaut le quart, ou 25 poulets entiers.

758. Les fractions de l'énoncé étant des quarts et des septièmes, qui auraient pour dénominateur commun 28, on prendra pour unité $\frac{1}{28}$ de kilogramme, de sorte que x étant le nombre de kilogrammes entiers, le nombre total en vingt-huitièmes sera 28 x. La marchande en vend d'abord les $\frac{3}{4}$; il lui reste donc $\frac{1}{4}$ de 28 x ou 7 x, diminués encore du $\frac{1}{2}$ kilogramme ou des $\frac{14}{28}$ qu'elle donne en plus; donc il lui reste 7 x moins 14. Elle en vend les $\frac{3}{7}$, de sorte qu'il lui en reste les $\frac{4}{7}$. Or, le septième de 7 x moins 14 est x moins 2; car, en répétant 7 fois x à qui l'on ôte 2 chaque fois, il est clair qu'on a 7 fois x moins 7 fois 2, ou 7 x moins 14. La marchande gardant 4 septièmes, gardera 4 x moins 4 fois 2, ou 4 x moins 8, de quoi il faut encore ôter les 250 gr. ou $\frac{1}{4}$ ou $\frac{7}{28}$, ou enfin 7 unités qu'elle donne en plus; il lui reste donc 4 x moins 15. Or, cela fait, d'après l'énoncé, 3^k $\frac{3}{4}$ ou 105 vingt-huitièmes; 105 unités par conséquent. Si 4 x moins 15 valent 105, 4 x seulement vaudront 105 plus 15 ou 120, et un seul x le quart de 120 ou 30; donc la marchande avait 30 kilogrammes de beurre.

759. Les $\frac{4}{9}$ de la première part, plus 6200 fr., donnent, d'après l'énoncé, 18350 fr.; donc les $\frac{4}{9}$ seulement valent 6200 fr. de moins que 18350 ou 12150 fr.; donc $\frac{1}{9}$ vaudra 4 fois moins, et les $\frac{9}{9}$ ou le tout 9 fois plus. On multipliera 12150 par 9, et on divisera par 4, ce qui donnera 27337,50 pour la première part. La seconde en sera les $\frac{4}{9}$ ou 12150, plus 6200, ensemble 18350. L'héritage total sera la somme ou 45687^f,50.

740. En appelant x la part du premier, le second aura $\frac{3}{4}$ de x, plus 300 fr. Le troisième aura les $\frac{5}{9}$ des $\frac{3}{4}$ de x, plus les $\frac{5}{8}$ de 300 fr., plus 800 fr. ou les $\frac{15}{32}$ de x, plus 187,50, plus 800 fr. ou $\frac{15}{32}$ de x, plus 987ᶠ,50.— Les trois parts réunies font donc x, plus $\frac{3}{4}$ de x, plus $\frac{15}{32}$ de x, plus 300 fr., plus 987,50; ou, en additionnant $\frac{71}{32}$ de x, plus 1287ᶠ,50. Or cela compose 28000 fr., valeur de tout l'héritage. On reconnaît, comme ci-dessus, que les $\frac{71}{32}$ de la première part valent 28000 moins 1287,50 ou 26712ᶠ,50; donc on aura cette première part en multipliant 26712,50 par 32, et divisant par 71; ce qui donne 12039ᶠ,45.

On aura la seconde part en prenant les $\frac{3}{4}$ de ce nombre, et ajoutant 300, ce qui donne 9329,59. On trouve de même, pour la troisième part, 6630ᶠ,99. — Ensemble 28000ᶠ,03.

741. Le second ayant x, le premier aura $\frac{2}{6}$ de x, plus 2000 fr.; et le troisième aura $\frac{11}{12}$ de $\frac{2}{6}$ de x, plus $\frac{11}{12}$ de 2000 fr., plus 3200 fr.; ou $\frac{22}{60}$ de x, plus 5033ᶠ,33. — Tout cela ensemble $\frac{106}{60}$ de x, plus 7033ᶠ,53; donc, en retranchant 7033,33 de 85,000, valeur de l'héritage total, on aura 77966,66 pour les $\frac{106}{60}$ de x; donc on aura la première part en multipliant 77966,66 par 60, et divisant par 106; ce qui donne 44132ᶠ,07 pour la deuxième part.

On aura la première en prenant les $\frac{2}{6}$ de celle-ci, et ajoutant 2000; ensemble 19652,83. On trouve facilement pour la troisième part 21215,10. — Ensemble, 85000 fr.

742. La première part étant x, la seconde sera 0,6 de x, plus 5500. La troisième sera les 0,6 de 0,6 ou les 0,36 de x, plus les 0,6 de 5500 ou 3300, plus 9000 fr. Enfin, la quatrième sera les 0,6 de 0,36 ou 0,216 de x, plus les 0,6 de 12300 ou 7380, plus 11000. — Tout cela ensemble donne $\frac{2176}{1000}$ de x, plus 36180, et compose l'héritage total 126080 fr.; d'où l'on conclut que $\frac{2176}{1000}$ de x valent

126080 moins 36180, ou 89900 ; donc on aura x en multipliant 89900 par 1000, et divisant par 2176. La première part est 41314f,34.

En prenant les six-dixièmes de ce nombre et ajoutant 5500, on trouve pour la deuxième part 30288f,60. On trouve de même pour les deux autres 27173,16 et 27303,90.

743. Si les $\frac{3}{5}$ de la première égalent les $\frac{7}{9}$ de la seconde, un seul cinquième vaudra 3 fois moins que $\frac{7}{9}$ ou $\frac{7}{27}$, et les $\frac{5}{6}$ ou le tout 5 fois plus, c'est-à-dire $\frac{35}{27}$. La première est donc les $\frac{35}{27}$ de la seconde. Celle-ci étant prise pour unité, l'autre serait représentée par $\frac{35}{27}$, ensemble $\frac{62}{27}$; donc $\frac{62}{27}$ de la seconde valent 75000 ; donc on aura la seconde en multipliant 75000 par 27, et divisant par 62 ; ce qui donne 32661,29. On aura la première part en prenant les $\frac{35}{27}$ de ce nombre, savoir, 42338,71.

744. Même procédé. On reconnaît que la première est les $\frac{228}{220}$ de la seconde ; les deux ensemble valent $\frac{448}{220}$, et valent 72. On aura donc la deuxième en multipliant 72 par 220, et divisant par 448. — Résultat : 35,357. On trouve aisément, pour la première, 36,643.

745. Même procédé. On reconnaît que la première est égale aux $\frac{300}{2002}$ de la seconde ; les deux parts ensemble valent donc $\frac{2302}{2002}$ de la seconde, et cette valeur égale 500. Donc, en multipliant 500 par 2002 et divisant par 2302, on aura la deuxième part, qui est 434,85. On trouve aisément pour la première part 65,15.

746. La réduction des deux premières fractions donne $\frac{107}{300}$, et celle des deux autres donne $\frac{839}{900}$. Ainsi les $\frac{107}{300}$ de la première part égalent les $\frac{839}{900}$ de la seconde. Donc $\frac{1}{300}$ égale 107 fois moins, et $\frac{300}{300}$ ou le tout, 300 fois plus, ce qui conduit à multiplier 839 par 300, et 900 par 107 ; d'où une fraction qui se réduit à $\frac{839}{321}$. La première part

6.

est donc cette fraction de la seconde, et les deux réunies égalent $\frac{1160}{321}$ de la seconde; mais les deux ensemble valent 900. Donc on aura là seconde en multipliant 900 par 321 et divisant par 1160; ce qui donne 249,05. — On aura la première part en prenant les $\frac{839}{321}$ de 249,05, ce qui se fait en multipliant 249,05 par 839 et divisant par 321. — Ce qui donne 650,95. Ensemble, 900.

747. On trouve par réduction des fractions que les $\frac{403}{300}$ de l'une égalent les $\frac{319}{100}$ ou les $\frac{957}{300}$ de l'autre; ce qui revient à dire que 403 fois la première égalent 957 fois là seconde; donc la première vaut $\frac{957}{403}$ de la seconde, et les deux ensemble valent $\frac{1360}{403}$ de la seconde; mais cet ensemble vaut 40. Donc on aura la seconde en multipliant 40 par 403, et divisant par 1360. Le résultat est 11,8529. — En prenant les $\frac{957}{403}$ de ce nombre, on a la première part, ou 28,15. Ensemble, 40.

748. La troisième part étant prise pour unité, le $\frac{1}{3}$ de la seconde vaut $\frac{1}{5}$; donc la seconde vaut $\frac{3}{5}$; la moitié de la première valant $\frac{1}{4}$ de la seconde, toute la première vaudra $\frac{2}{4}$ ou $\frac{1}{2}$ de la seconde; ce qui revient à $\frac{1}{2}$ de $\frac{3}{5}$ ou à $\frac{3}{10}$. Donc, la troisième étant prise pour unité, les 3 parts sont respectivement 1, $\frac{3}{5}$, $\frac{3}{10}$; ensemble, $\frac{19}{10}$. Or ces 3 parts valent 100. Donc les $\frac{19}{10}$ de la troisième part égalent 100; d'où l'on conclut que cette troisième part vaut 1000 divisés par 19, ou 52,632. — En prenant les $\frac{3}{5}$ de cette valeur, on aura la seconde part, qui est 31,579. — Enfin, pour la première part, on a la $\frac{1}{2}$ de ce dernier nombre, ou 15,790.

749. La troisième étant prise pour unité, si les $\frac{5}{6}$ de la seconde valent $\frac{11}{12}$, $\frac{1}{6}$ de la seconde vaudra 5 fois moins, et les $\frac{6}{6}$ 6 fois plus; donc la seconde sera exprimée par $\frac{66}{60}$ ou $\frac{11}{10}$. Les $\frac{2}{3}$ de la première valent les $\frac{3}{4}$ de $\frac{11}{10}$ ou $\frac{33}{40}$. La somme des 3 parts est donc exprimée par la somme des 3 nombres 1, $\frac{11}{10}$, $\frac{33}{40}$, ensemble $\frac{117}{40}$; mais cette valeur forme le nombre 80. Donc on aura la troisième part en multipliant 80 par 40 et divisant par 117, ce qui donne 27,35. — Les $\frac{11}{10}$ de ce nombre ou 30,08 seront la seconde part; et les $\frac{33}{40}$ ou 22,56 formeront la première; l'ensemble donne 79,99.

750. La troisième part étant prise pour unité, on trouve, en raisonnant comme ci-dessus, que la seconde aura pour expression $\frac{1700}{660}$ ou $\frac{85}{33}$. De même la première sera exprimée par $\frac{459}{121}$. Les 3 parts sont donc représentées par les 3 nombres 1, $\frac{85}{33}$, $\frac{459}{121}$, ensemble $\frac{2675}{363}$. Or ces 3 parts composent le nombre 50. — On aura donc la troisième en multipliant 50 par 363, et divisant par 2675. — Le résultat est 6,78. — On trouve aisément pour les deux autres parts 25,74 et 17,48; ensemble, 50.

751. La quatrième part étant prise pour unité, on trouve, comme ci-dessus, que la troisième aurait pour expression $\frac{9}{8}$; la seconde serait $\frac{27}{16}$, et la première serait $\frac{135}{64}$. Les 4 parts réunies 1, $\frac{8}{9}$, $\frac{27}{16}$, $\frac{135}{64}$, ensemble $\frac{379}{64}$, composent le nombre 20. Donc on aura la quatrième part en multipliant 20 par 64, et divisant par 379. — Le résultat est 3,38. — On trouve aisément pour les 3 autres parts 3,80... 5,70... 7,12. Ensemble, 20.

752. Même procédé que dans les cas ci-dessus. — On trouve que la quatrième part étant prise pour unité, les 4 parts sont représentées par les nombres 1, $\frac{14}{15}$, $\frac{56}{99}$, $\frac{896}{2673}$; ensemble, $\frac{37879}{13365}$. On aura la quatrième part en multipliant le nombre à partager 8 par 13365, et divisant par 37879. — Résultat, 2,8227. — Les 3 autres parts sont: 2,6345... 1,5967... 0,9462.

753. En suivant la même marche que dans les cas précédents, on arrive aux résultats: quatrième part, 8,2078.

— Les 3 autres parts sont : 1,3789... 0,1808... 0,2325. — Ensemble, 10.

754. Même marche que dans les cas précédents. On obtient pour les 5 parts, en partant de la cinquième, les nombres respectifs : 2,268... 1,964... 8,748... 3,007... 4,014. Ensemble, 20,001.

755. Si l'homme charitable, au lieu de donner 15 centimes, n'en donne que 10 à chaque pauvre, il épargne ainsi 5 centimes par pauvre, et l'épargne totale se compose et des 10 centimes qui lui manquaient d'abord et qu'il retrouve, et des 25 centimes qui lui restent après la seconde distribution. Il y a donc 35 centimes d'économisés, à raison de 5 centimes pris autant de fois qu'il y a de pauvres; donc il y a autant de pauvres que 35 centimes contiennent 5, c'est-à-dire qu'il y a 7 pauvres.

S'il y avait 7 pauvres, chacun recevant 10 centimes, cela fait 70 centimes; mais il reste au bonhomme 25 centimes; donc il avait 70 plus 25, ou 95 centimes.

756. Même procédé. — En passant de la première distribution à la seconde, le capitaine économise 3 fr. par homme. Ces 3 fr., répétés autant de fois qu'il y a d'hommes, composent les 360 fr. qui lui manquaient et les 15 fr. qui lui restent encore; ensemble, 375 fr. Donc, en divisant ce nombre par 3, on aura celui des hommes de la compagnie; donc il y a 125 hommes. Quant au montant de la gratification, les 4 fr. donnés à 125 hommes absorbent 500 fr.; mais il reste alors 15 fr. Donc il y avait alors 515 fr. à distribuer.

757. Même procédé, en ne s'occupant d'abord que du nombre des feuilles. — En passant d'une distribution à l'autre, la maîtresse gagne 1 feuille $\frac{1}{2}$ par écolière; donc, puisqu'elle regagne et les 47 $\frac{1}{2}$ qui lui manquaient et les deux qui lui restent, elle a autant d'écolières que le nombre total.49 ½ contient 1 ½. La division donne 33. Donc il y 33 écolières. A raison de 7 feuilles par chacune, on a 198 feuilles; et comme il reste 2, il y avait donc 200 feuilles tout juste. — Comme ce nombre compose 8 mains, en le divisant par 8 on aura le nombre des feuilles d'une main de papier, qu'on trouve ainsi être 25.

758. Même procédé. — Elle regagne une praline par élève, et retrouve ainsi les 4 qui lui manquaient, plus les 12 qui lui restent; ensemble 16; donc il y a 16 écolières. — De plus, 16, à raison de 5 chacune, prennent 80; or, il lui en reste 12; donc elle avait 92 pralines.

759. Même procédé. — L'économe regagne par le second système un décilitre par litre d'eau; et de cette manière il recouvre les 8 litres ou 80 décilitres qui lui manquaient d'abord, et les 30 décilitres qui lui restent. Or, s'il y a 110 décilitres, à raison de 1 par litre d'eau, il y a donc 110 litres d'eau. — Chacun recevant 2 décilitres de vin, il y a 110 fois 0,2 ou 22 litres de vin employés; mais il en reste 3; donc le broc de vin contenait 25 litres.

760. Même procédé. — En passant du premier système au second, on gagnera un gr. de poudre par cartouche; et de cette manière on recouvrera et les 1000 gr. de poudre qui manquaient d'abord, et les 500 gr. qu'on aura en plus. Or, 1500 gr. de poudre, à raison de 1 gr. par cartouche, cela donne 1500 cartouches. — De plus, 1500 cartouches, à 8 gr., emploient 12000 gr.; mais il en reste 500; donc il y avait en tout 12500 gr. de poudre.

761. Même procédé. — En passant de 3 fr. à 2^f,50, l'ingénieur gagne 0^f,50 par poteau. Ce prix, multiplié par le nombre des poteaux, compose et les 18 fr. de déficit et les 5 fr. d'excédant, ensemble 23 fr.; donc on aura le

nombre de poteaux en divisant 23 par 0,50, ce qui donne 46 poteaux. — De plus, 46 poteaux à 2^f,50 prennent 115 fr. ; mais il resterait 5 fr. à l'ingénieur ; donc son crédit est de 120 fr.

762. S'il reste 12 arbres sans emploi, dans le premier cas c'est une longueur de 12 fois 10 mètres ou 120 mètres qui manquent à la route, et qui, avec cette addition, aurait pris tous les arbres. S'il y a un déficit de 8 arbres dans le second cas, c'est qu'outre la plantation faite de tous les arbres, la route a un excédant de 8 fois 8, ou 64 mètres ; donc, entre une route qui emploierait tous les arbres dans le premier cas, et la portion de route qui les emploie tous dans le second, il y a une différence de longueur de 120, plus 64, ou 184 mètres. Or, puisqu'en passant du premier système au second, on gagne 2 mètres par arbre, autant de fois il y a 2 mètres dans 184, autant on a d'arbres ; donc il y a 92 arbres. — De plus, à raison de 1 arbre par 8 mètres, on a d'abord 736 mètres de route ; mais il manque 8 arbres qui occuperaient encore 64 mètres de route restants ; donc la route totale se compose de 736, plus 64, ou 800 mètres juste.

763. En passant du premier système au second, le commandant gagne 2 hommes par escouade ; à ce compte il a 89 hommes en plus dans le second système ; mais comme il en avait déjà 7 de trop dans le premier, cet arrangement ne lui donne que 89 moins 7, ou 82 hommes, comme résultant de l'économie de 2 hommes par escouade ; donc le nombre des escouades multipliant 2 donne 82 ; d'où l'on conclut que le nombre des escouades est 41. — Mais 15 hommes par escouade donnent 41 fois 15 ou 615 hommes ; et dans ce cas il y en a 7 sans emploi ; donc le nombre total est 622 hommes.

764. Dans le premier cas, on a un résidu de 2 mètres; dans le second, on a encore un excédant composé de $2^m,50$, et de 3 fois $4^m,50$ pour les trois jardins qu'on a en plus; ensemble, 16 mètres. — On reconnaît qu'ici, comme dans le cas précédent, il faut prendre la différence 16 moins 2, ou 14 mètres des deux excédants, pour le gain fait à raison de $0^m,50$ par jardin; donc le nombre des jardins est le quotient de 14 par 0,50; donc il y a 28 jardins. — Si on leur donne 5 mètres de large, on aura 5 fois 28 ou 140 mètres pour l'ensemble des largeurs; mais il y aurait un excédant de 2 mètres; donc 142 mètres est la longueur totale du terrain.

765. Comme dans le cas précédent. — On a un excédant de 4 centim. dans le premier cas, et un excédant de 28 centim. dans le second, en comptant les 2 parts de plus. La différence est 24. L'économie de 2 centim. par part donnant 24 centim., il y a 12 parts. — De plus, en donnant 12 centim. à chaque part, ce qui fait 144 centimètres, on aurait 4 centim. de résidu; donc la circonférence est de 148 centim. ou de $1^m,48$.

766. Si la durée de la faction diminue de 60 minutes à 40 minutes, ou passe de 3 à 2, le nombre de factionnaires devra être plus grand dans un rapport inverse, c'est-à-dire de 2 devenir 3. Or, l'augmentation des hommes, dans le second cas, se compose et des 4 qui n'avaient pas trouvé d'emploi, et des 5 qui font déficit : total, 9. Or, quand 2 est remplacé par 3, l'augmentation 1 est la moitié du nombre primitif; donc 9 est la moitié du nombre primitif des soldats employés aux factions d'une heure; donc ce nombre était 18. Mais il y avait 4 hommes sans faction; donc le nombre total des hommes était 22. — Et comme chaque homme, moins ces 4, devait faire

1 heure de faction, la durée de la garde était de 18 heures.

767. Si, au lieu de s'arrêter par 5 kil., il ne s'arrête que par 7 kil. pour faire chaque fois la même dépense, la dépense totale sera moindre dans le rapport inverse, c'est-à-dire qu'au lieu d'être 7, elle sera 5 seulement. La différence des deux dépenses est de 25 centimes du premier déficit, plus les 15 cent. de l'excédant; ensemble, 40 centimes. Ces 40 cent. représentent donc une économie de 2 sur 7, ce dernier chiffre représentant la première dépense; le nombre dont les $\frac{2}{7}$ valent 40 est le produit de 40 par 7, divisé par 2 ou 140 centimes. Mais la première dépense eût excédé de 25 cent. le contenu de la bourse; donc il y avait dans celle-ci 140 moins 25 ou 1^f,15. — Quant à la longueur de la route, puisque le conscrit dépenserait 140 centimes en divisant la route par portions de 5 kilom., et que chaque station lui coûterait 10 cent., il y aura autant de fois 5 kilomèt. que 10 sont contenus dans 140, ou 14 stations de 5 kil., ce qui revient à 70 kilomèt. pour la longueur totale de la route.

768. Dans le second système, l'écrivain laisse 7 pages par semaine, et il lui reste après le temps inconnu 9 pages, plus 4 fois 33 ou 132 pour les 4 semaines de plus; ensemble, 141 pages. Dans le premier cas, il y avait 22 d'excédant; on reconnaît donc, comme ci-dessus, que ce qui est gagné par une réduction de 7 pages par semaine composé un total égal à la différence de 141 à 22 ou 119 p.; donc il y a autant de semaines que le nombre 7 est contenu de fois dans 119. Le quotient est 17; donc il y a 17 semaines. — A raison de 40 pages par semaine, il copierait 17 fois 40 ou 680 pages; mais il en resterait 22; donc le nombre total des pages est 702.

769. A 17°, la dilatation de l'air sera donc de 17 fois 0,003665 ou de 0,062305 du volume inconnu à zéro. Or, un nombre quelconque plus ces 0,062305, c'est ce nombre pris une fois, plus 0,062305 de ce nombre, ou ce nombre multiplié par 1,062305 ; donc le volume cherché multiplié par 1,062305 égale 1ˡ,35 ; donc ce volume est le quotient de 1ˡ,35 divisé par 1,062305, ou 1ˡ,2707.

770. Même procédé. — A 21°, la dilatation sera de 21 fois 0,003665 ou 0,076965 du volume à zéro ; et ce volume plus sa dilatation, ou le volume multiplié par 1,076965, égale le volume donné 3ˡ,05 ; donc on aura le volume à zéro en divisant 3,05 par 1,076965 ; ce qui donne 2ˡ,832.

771. Même procédé. — On est amené à diviser 0ˡ,782 par 1 plus 33 fois 0,003665, ou 1,120945 ; ce qui donne 0ˡ,6976.

772. Même procédé. — On est amené à diviser 2ˡ,304 par 1 plus 11 fois 0,003665, ou 1,040315 ; ce qui donne 2ˡ,2148.

773. Même procédé. — On est amené à diviser 5ˡ,04 par 1,054975 ; ce qui donne 4ˡ,777.

774. Même procédé. — On est amené à diviser 0ˡ,03 par 1,15393 ; ce qui donne 0ˡ,026.

775. Même procédé. — On est amené à diviser 11ˡ,02 par 1,01466 ; ce qui donne 10ˡ,86.

776. Même procédé. — On divisera 0ˡ,75 par 1,076965 ; ce qui donne 0ˡ,696.

777. Il faut d'abord chercher, comme dans les problèmes précédents, quel serait à zéro le volume du gaz qui à 22° occupe 2ˡ,45. — On est amené pour cela à diviser 2ˡ,45 par 1,08063 ; ce qui donne 2ˡ,2672.

Or, ce volume à zéro passant de 0° à 33°, il faut l'augmenter de 33 fois ses 0,003665 ou de ses 0,120945; ce qui se fait en multipliant 2^l,2672 par 0,120945, et ajoutant le produit à 2^l,2672. — Le résultat de cette double opération est 2^l,5414.

778. Même procédé. — On réduit d'abord à zéro le volume 3^l,05 pris à 11°, ce qui conduit à diviser 3,05 par 1,040315, et ce qui donne 2^l,9318 pour le volume à zéro. Pour 75°, il faut augmenter ce volume de 75 fois ses 0,003665, ce qui, par un calcul analogue à celui du précédent exemple, conduit à 3^l,7377.

779. Même procédé. — La réduction à zéro donne d'abord 1^l,457. — Ramené à 75°, ce volume devient 1^l,6228.

780. Même procédé. — On trouve pour le volume ramené à zéro, 0^l,242, — et pour le volume élevé à 80°, on a 0^l,313.

781. Même procédé. — Pour le volume ramené à zéro, on trouve 4^l,1544; — et celui-ci, élevé à 99°, devient 5^l,6618.

782. On calculera d'abord ce que deviendra le volume 0^l,35 passant de 81° à zéro, ce qui conduit à diviser 0,35 par 1,296865, et donne 0^l,269; — puis, pour élever à 21°, on multipliera par 1,076965, ce qui donnera 0^l,2907.

783. Même procédé. — On réduit le volume à zéro, et l'on a 0^l,48745; — puis on fait passer celui-ci à 5°, ce qui donne 0^l,4964.

784. En réduisant à zéro, on trouve 4^l,206; et en élevant à 2°, on a 4^l,239.

785. Même procédé. — En réduisant à zéro, on trouve 2^l,215; et en élevant à 5°, on a 2^l,242.

786. Il s'agit de partager la longueur 1^m,45 en deux

parties qui soient entre elles comme 27 : 6, ce qui donne les 2 proportions :

$$33 : 27 :: 1,45 : x. \qquad x = 1,1864.$$
$$33 : 6 :: 1,45 : x. \qquad x = 0,2636.$$

On placera le poids 27 au côté 0,2636, et le poids 6 du côté du bras de levier 1,1864.

787. Même procédé. — On a les 2 proportions :

$$43 : 11 :: 0,95 : x. \qquad x = 0,243.$$
$$43 : 32 :: 0,95 : x. \qquad x = 0,707.$$

On mettra le poids 11 du côté $0^m,707$, et le poids 32 du côté de $0^m,243$.

788. Même procédé. — On a les 2 proportions :

$$87 : 11 :: 2,05 : x. \qquad x = 0^m, 0,165.$$
$$87 : 80 :: 2,05 : x. \qquad x = 1,885.$$

On placera les 2 poids aux points convenables.

789. Même procédé. — On aura les 2 proportions :

$$1578 : 1350 :: 0,6 : x. \qquad x = 0,513.$$
$$1578 : 228 :: 0,6 : x. \qquad x = 0,087.$$

On placera les 2 poids en rapports inverses.

790. Après le premier coup de piston, il ne reste que les $\frac{7}{10}$ de l'air primitif. Après le second coup, il ne reste que les $\frac{7}{10}$ de $\frac{7}{10}$. Après le troisième coup, il reste $\frac{7}{10}$ de $\frac{7}{10}$ de $\frac{7}{10}$. Enfin, après le quatrième coup de piston, il reste $\frac{7}{10}$ de $\frac{7}{10}$ de $\frac{7}{10}$ de $\frac{7}{10}$, ou 0,2401 de la quantité primitive. Il s'agit donc de prendre les 0,2401 de $2^{gr},598$. La multiplication donne $0^{gr},6238$.

791. Le récipient contenant 3 litres, ou moitié plus que le précédent, le poids de l'air contenu sera plus grand de moitié que $2^g,598$, ou égal à ce nombre, plus sa moitié, ce qui donne $3^{gr},897$. Ce qui reste de l'air primitif après cinq coups de piston est égal au produit de cinq facteurs égaux à 0,7 ou 0,16807. Multipliant par ce nombre le poids primitif, on trouve pour résultat 0^{gr},655.

792. Si dans un récipient de 2 litres il y a d'abord 2^{gr},598 d'air, dans 2^l, 6 il y aura un poids représenté par le quatrième terme de la proportion :

$$2 : 2,6 :: 2,598 : x;$$

d'où $\qquad x = 3^{gr},3774.$

On trouvera comme ci-dessus qu'il faut multiplier ce nombre par 0,7 de 0,7 de 07 ou 0,343, ce qui donne 1^g,158.

793. On trouvera par une proportion, comme dans le numéro précédent, le poids d'air que contient 0^l,9 : c'est 1^{gr},1691. Puis on aura à multiplier ce résultat par le produit de 6 facteurs égaux à 0,7, qui est 0,117649. La multiplication donne 0^g,1375.

794. Après quatre coups de piston, il reste dans le récipient une quantité d'air égale aux 0,7 des 0,7 des 0,7 des 0,7, ou aux 0,2401 de l'air primitif. Or, cette quantité est égale à 0^g,91 ; donc le poids primitif est égal à 0,91 divisés par 0,2401, ce qui donne 3^g,7901. Or, on sait par les données précédentes qu'un litre pèse 1^{gr},299 ; donc la capacité du récipient sera d'autant de litres que 1,299 est contenu de fois dans 3,790. Le quotient de la division, ou la capacité du récipient, est 2^l,9176.

795. Même procédé. — On est conduit par un raisonnement semblable à diviser 1,75 par 0,343, et à diviser encore le résultat par 1,299 ; on trouve ainsi 3^l,926.

796. Par le même raisonnement, on est conduit à diviser 0,316 par 0,16807, puis le quotient par 1,299.—Le résultat de cette double division est 1^l,447.

797. En raisonnant comme aux numéros 769 et suiv., on remarque que la longueur actuelle se compose de la longueur à zéro, et de quatorze fois $\frac{1}{31500}$ de ce volume, ou du volume à zéro multiplié par 1 plus $\frac{14}{31500}$, ou $\frac{31514}{31500}$. Or, si cette fraction ou la longueur à zéro vaut $2^m,15$, on aura cette longueur en multipliant $2^m,15$ par 31500, et divisant par 31514. — Le résultat de cette double opération est $2^m,1491$.

798. Même procédé. — On reconnaît que les $\frac{31525}{31500}$ de la longueur à zéro égalent $1^m,05$. On devra donc multiplier $1^m,05$ par 31500, et diviser par 31525. — Le résultat est $1^m,04917$.

799. On cherchera d'abord la longueur à zéro par le moyen précédent, en partant de la longueur donnée à $7°$, et l'on trouvera $1^m,8196$. Puis à cette longueur on ajoutera ses $\frac{22}{31500}$ en multipliant par 22 et divisant par 31500; ce qui donne $0^m,00127$. Ajoutant, on a $1^m,82067$ pour longueur totale à $22°$.

800. Même procédé. — On cherchera, comme dans le cas précédent, la longueur à zéro, et l'on trouvera $2^m,0297$. On ajoute à cette longueur ses $\frac{33}{31500}$, qui sont $0^m,00213$; d'où, longueur totale, $2^m,03183$.

801. On ramènera d'abord la longueur $0^m,17$ à zéro, ce qui donnera $0^m,16988$. Puis on passera à $11°$ sous zéro de la même manière, en admettant que, pour chaque degré sous zéro, la longueur à zéro diminue de $\frac{1}{31500}$ de cette longueur. On trouve ainsi une nouvelle réduction de longueur de $0^m,00006$, qui, retranchée de la précédente, donne pour résultat définitif $0^m,16982$.

802. On passera d'abord de $13°$ sous zéro, à zéro, en divisant la longueur donnée par un, *moins* 13 fois $\frac{1}{31500}$, ou par $\frac{31489}{31500}$, ce qui donne 0,99035. Puis il faut augmenter ce résultat de ses $\frac{13}{31500}$ ou 0,00041; ce qui donne en tout 0,9908.

803. On commence par réduire à zéro la longueur $1^m,350$, prise à $24°$, en divisant 1,350 par 1, plus $\frac{24}{31500}$; ce qui donne d'abord $1^m,348972$. Cette longueur, en passant de zéro à la température inconnue, est devenue par hypothèse $1^m,353$, c'est-à-dire a augmenté de la longueur absolue $0^m,004028$, qui équivaut à un certain nombre de fois $\frac{1}{31500}$ de $1^m,348972$, ou, en divisant ce nombre par 31500, à un certain nombre de fois $0^m,0000428245$. Autant de fois cette dernière fraction sera contenue dans l'allongement, autant il y aura de degrés de température au-dessus de zéro. La division de ces deux nombres donne le quotient 94; donc la température s'est élevée à 94°.

804. Même procédé. — On réduit d'abord la longueur de 2° à zéro, ce qui donne $0^m,329979$. L'allongement étant d'un quart de millimètre sur $0^m,33$ ou $0^m,330$, la longueur s'est trouvée être $0^m,33025$; comparant au nombre ci-dessus, on trouve que, de zéro à la température cherchée, l'allongement total est de $0^m,000271$. Or, $\frac{1}{31500}$ de $0^m,329979$ est $0^m,0000104755$. On cherche combien de fois cette fraction est contenue dans $0^m,000271$. Le quotient est 25,9; donc la température était de près de 26°.

805. La différence des deux colonnes barométriques est de 29 millimètres; donc la différence de niveau des deux stations est de 29 fois $10^m,7$ ou $313^m,3$.

806. Même procédé. — La différence barométrique est de 47 millimètres. On multipliera donc $10^m,7$ par 47; ce qui donne 503 mètres pour la différence des niveaux.

807. Autant le nombre 233 contient $10^m,7$, autant il y aura de millimètres de différence entre les deux indications barométriques. — Le quotient est $21^m,8$; donc il faudra ajouter $21^m,8$ aux 741 millimètres que l'on trouve

au sommet de la colonne; donc l'indication inférieure sera 762$^{mill.}$,8.

808. Même procédé. — En divisant 307 par 10^m.7, et ajoutant, on trouve 730$^{mill.}$,7 pour l'indication demandée.

809. On reconnaît d'abord que la lampe a consommé pour 5 centimes d'huile par heure. Le prix d'une bougie est le $\frac{1}{5}$ de 1^f,60, ou 0^f,32, et celui de 2 bougies 0^f,64. Telle est la dépense faite en 11^h,35^m, ou 695 minutes. On aura la dépense d'une minute en divisant ce prix par 695, et celle d'une heure, en multipliant par 60. — Le résultat est 0^f,0553; donc la bougie coûte un peu plus cher, dans le rapport de 50 à 55 environ.

810. On trouve d'abord que la lampe brûle par heure pour 0^f,0813. Deux bougies, dont seize coûtent 2^f,90, dépensent le $\frac{1}{8}$ de cette somme ou 0^f,3625, et cette dépense correspond à 6^h,2^m; ce qui, par un calcul comme ci-dessus, donne 0^f,0604 par heure. Mais la lumière de la lampe étant double, il faudrait, pour une même quantité de lumière, doubler la bougie et sa dépense, ce qui la porterait à 0^f,1208; donc la bougie coûte plus cher dans le rapport de 8 à 12 ou de 2 à 3 environ.

811. On trouve comme ci-dessus que la lampe à huile brûle par heure pour 0^f,06923. Pour la lampe à alcool, si elle brûle 33 centilitres en 5^h,5^m, on trouvera qu'elle brûle par heure 6 centilitres $\frac{1}{2}$. Or, si le litre coûte 1^f,45, on aura le prix de 6 centilitres $\frac{1}{2}$, en multipliant 1^f,45 par 0^f,065; ce qui donne 0^f,09425. On voit donc que les dépenses d'huile et d'alcool sont entre elles à peu près comme les nombres 69 et 94.

812. Si un hectolitre de houille coûte 3^f,25, un stère ou 10 hectol. coûteraient 32^f,50. Puisqu'à volume égal ce stère de houille donne trois fois autant de chaleur qu'un stère de bois, pour que le bois en donnât autant, il faudrait employer 3 stères de bois, qui coûteraient trois fois 19 ou 57 fr. ; donc, pour une même quantité de chaleur fournie, la houille et le bois dépensent respectivement 32^f,50 et 57 fr. ou 10^f,83 contre 19.

On peut représenter la dépense de la houille par 100 ; et alors celle du bois serait le quatrième terme de la proportion :

$$32^f,50 : 57 :: 100 : x. \qquad x = 175,4.$$

813. On trouve d'abord, par la proportion suivante, ce que coûteraient 1000 kil. de bois :

$$350 : 1000 :: 19 : x. \qquad x = 54^f,29.$$

Puisqu'à poids égal le bois ne donne que 2,8 de chaleur quand la houille en donne 6, il faudrait que le bois, pour donner 6, fût augmenté en poids et en dépense dans le rapport de 2,8 à 6 ; et la dépense de bois équivalente pour la chaleur à 1000 kil. de houille, serait le quatrième terme de la proportion :

$$2,8 : 6 :: 54,29 : x. \qquad x = 116^f,33 ;$$

donc la houille et le bois dépensent respectivement 46 fr. et 116^f,33. En représentant la houille par 100, le bois serait représenté par le quatrième terme de la proportion :

$$46 : 100 :: 116,33 : x. \qquad x = 253 \text{ environ.}$$

814. Même procédé. — On trouve que la houille coûtant 100, le bois coûterait 185 environ.

815. Même procédé. — Les 1000 kil. de tourbe coûtent 16 fr. quand les 350 kil. de bois coûtent 22 fr. On trouve par proportion que les 1000 kil. de bois coûteront 62^f,86. Puis on trouvera dans quel rapport cette dépense devrait être diminuée pour donner en chaleur l'équivalent de 1000 kil. de tourbe, par la proportion :

$$7 : 3 :: 62,86 : x. \qquad x = 26^f,94.$$

Enfin, on trouvera, par la proportion suivante, le chiffre de dépense du bois, la tourbe étant représentée par 100 :

$$16 : 100 :: 26,94 : x. \qquad x = 168 \text{ environ.}$$

816. Le poids de l'alcool étant pris pour unité, l'eau pèserait 1 et $\frac{1}{4}$ ou 1,25, et le mercure 13 fois $\frac{1}{2}$ ce dernier poids, ou 13 fois $\frac{1}{2}$ 1,25, ce qui donne 16,875 ; donc 1122 centim. cubes de mercure pèseront 1122 fois 16,875 ou 18933,75 fois autant qu'un centim. cube d'alcool. Or, l'eau pesant 1 gramme par centim. cube, ce gramme sera une fois 1 et $\frac{1}{4}$ le poids d'un centim. cube d'alcool. Or, si $\frac{5}{4}$ de ce poids valent 1$^{gr.}$, $\frac{1}{4}$ vaudra 5 fois moins, et les $\frac{4}{4}$ quatre fois plus ; d'où l'on voit que le centim. cube d'alcool pèsera $\frac{4}{5}$ ou 0,8 d'un gramme ; donc les 1122 centim. de mercure pèseront 0,$^{gr.}$8 multipliés par 18983,75 ou 15147 gr. D'ailleurs, un litre valant 1000 centim. cubes, un litre d'alcool pèsera 1000 fois 0,8 ou 800 gr. ; donc il faudra autant de litres d'alcool que le nombre 800 sera contenu dans 15147. La division donne 18^l,93.

817. Même procédé. — 2,^{l}35 de mercure contiennent 2350 centim. cubes. Il n'y a qu'à substituer ce nombre à 1122 dans la question précédente. On arrive de la sorte à 39^l,66.

818. D'après ce qui précède, on trouve que 6$^{hect.}$,38 d'alcool ou 638 litres pèsent 638 fois 800 gr. ou 510400 gr., ce qui serait le poids de 510400 centim. cubes d'eau. Le mercure pesant 13 fois $\frac{1}{2}$ moins, si l'on divise ce nombre par 13,5, on aura le nombre de centim. cubes de mercure équivalent. Le quotient est 37807. A raison de 1000 centim. cubes par litre, on trouve, en divisant ce nombre par 1000, qu'il y aurait 37^l,807 de mercure.

819. D'après ce qui précède, les 5^l,35 d'alcool pèseraient 4280 grammes ; ce qui fait le poids de 4280 cen-

7

tim. cubes d'eau ou de 4^{l},280. Or, c'est aussi le poids de 2^{l},32 d'acide. Il est clair que si, pour faire un même poids, il fallait 2 fois, 3 fois..., 11 fois *moins* d'acide en volume, celui-ci pèserait 2 fois, 3 fois..., 11 fois plus que l'eau; donc on aura ce rapport de poids en divisant 4,280 par 2,32. Le quotient est 1,8448. Ainsi l'acide pèse un peu moins que 2 fois le même volume d'eau.

820. On trouve que 87 centil. d'alcool pèsent 800^{gr}. multipliés par 0^{l},87 ou 696 grammes. Or, $\frac{3}{4}$ ou 0^{l},75 de vin pèsent autant; les $\frac{4}{4}$ pèseront plus dans le rapport de 3 à 4 ou $\frac{1}{3}$ en sus; donc 696 gr., plus 232 gr. ou 928 gr. Ainsi un litre de vin pèse 928, quand un litre d'alcool pèse 800, et alors qu'un litre d'eau pèse 1000 gr. Divisant 928 par 1000, ce qui donne 0,928, on a le poids du vin par rapport à celui de l'eau.

821. Si le titre est 930, cela signifie qu'il y a 930 millièmes d'argent, lesquels, d'après l'énoncé, sont payés 28^{f},75. Le gramme d'argent se payant 0^{f},20, il y aura autant de grammes que 0,20 sont contenus dans 28^{f},75; le quotient est 143,75. Ce nombre de grammes d'argent étant les 930 millièmes du poids total, un millième sera 930 fois moindre, et les 1000 millièmes, ou le tout, 1000 fois plus considérables; donc on multipliera 143,75 par 1000, et l'on divisera par 930. Ce qui donne pour le poids total du couvert 154^{gr},57.

822. Même procédé. — On est amené à diviser d'abord 22,80 par 0,19, puis à multiplier le quotient 120 par 1000 et à diviser par 895; ce qui donne 134^{gr},08 pour le poids du couvert.

823. Même procédé. —On est amené à diviser 142^{f},50 par 0,215, à multiplier le quotient par 1000 et à diviser

par 952. On trouve ainsi pour le poids du couvert
696^{gr},21.

824. Même procédé. — On devra diviser 1143 par
3^{f},12, multiplier le quotient 366,346 par 1000, et diviser par 940. On trouve ainsi pour poids du vase d'or
389^{gr},72.

825. Si on paye 99 fr. pour un certain nombre de
grammes d'argent, à raison de 0,21 par gramme, il y aura
autant de métal pur que 0,21 est contenu dans 99, c'est-
à-dire 471^{gr},43. Or, il y a 511 gr. en tout. On aura le
titre en millièmes par la proportion :

$$511 : 471,43 :: 1000 : x. \qquad x = 922,5,$$

c'est-à-dire 922 millièmes et demi.

826. Même procédé. — On divisera 148 fr. par 0,205,
ce qui donne 717,07. Le poids total est 780. On trouvera
le titre par la proportion :

$$780 : 717,07 :: 1000 : x. \qquad x = 925,51,$$

ou un peu plus de 925 mill. et demi.

827. Même procédé. — On divisera 1337,09 par 3,02;
ce qui donne 442,74. Or, il y a 486 gr. en tout. On aura
le titre par la proportion :

$$486 : 442,74 :: 1000 : x. \qquad x = 914 \text{ mill. environ.}$$

828. Même procédé. — On divise 1625,71 par 2,95;
ce qui donne 551,09. Puis on a la proportion :

$$613 : 551,09 :: 1000 : x. \qquad x = 899.$$

Le titre est de 899 millièmes.

829. Si le titre est 840, la quantité d'argent pur est
les 0,840 du poids total 523; multipliant 523 par 0,840,
on trouve ainsi 439^{gr},32 pour le poids de l'argent. Or,
on a payé ce poids 90^{f}06; divisant le poids par le nombre
des grammes, on trouve 0^{f}205 pour le poids du gramme.

830. Même procédé. — On multipliera 841 par 0,902;

et l'on divisera 152,47 par le produit précédent. — Le résultat est 0ᶠ,201 pour prix du gramme.

831. Même procédé. — On aura à multiplier 1853 gr. par 0,921, et l'on divisera 5205,17 par le produit ; ce qui donne pour résultat et prix du gramme d'or pur 3ᶠ,05.

832. Même raisonnement. — Il n'y a que $91\frac{1}{2}$ p. 100 ou 0,915 d'alcool pur dans les 100 litres donnés ; donc, en multipliant par 0,915 le poids total 89ᵏ,5 de l'hectolitre, on trouvera qu'il contient en poids 81ᵏ,8925 d'alcool ; mais ce poids est payé 221 fr. En divisant 221 par 81,8925, on aura le prix du kilogramme, qui est 2ᶠ,70.

833. Même procédé. — La bouteille contient seulement 0,82 d'acide pur ; et les 0,82 de 43ᵏ,35 étant 35ᵏ,547, tel est le poids d'acide qui est payé 13ᶠ75. La division de ce dernier nombre par le précédent donne 0ᶠ,387 pour le prix du kilogramme.

834. La somme totale des cavaliers est 2050. On a pour partager le foin les deux proportions suivantes :

$$2050 : 1120 :: 3224 : x. \qquad x = 1761,3.$$
$$2050 : \ 930 :: 3224 : x. \qquad x = 1462,7.$$

Pour la répartition de l'avoine, on a les proportions :

$$2050 : 1120 :: 344 : x. \qquad x = 188 \text{ hect. environ.}$$
$$2050 : \ 930 :: 344 : x. \qquad x = 156 \quad id.$$

835. Même procédé. — On a les deux proportions :

$$4102 : 2122 :: 1508 : x. \qquad x = 780,1.$$
$$4102 : 1980 :: 1508 : x. \qquad x = 727,9.$$

836. Répartition du nombre 56 en trois parts proportionnellement à trois nombres dont la somme est 84. On a les trois proportions :

$$84 : 45 :: 56 : x. \qquad x = 30.$$
$$84 : 21 :: 56 : x. \qquad x = 14.$$
$$84 : 18 :: 56 : x. \qquad x = 12.$$

837. Si les hommes du troisième poste doivent fournir un service double, les choses se passent pour eux comme si leur poste était double, ou composé de 36 hommes. La question devra donc se traiter avec cette substitution de 36 à 28 ; ce qui donne 102 pour le tout. Alors on aura les trois proportions :

$$102 : 45 :: 56 : x. \qquad x = 24,7 \qquad \text{ou } 25 \text{ h.}$$
$$102 : 21 :: 56 : x. \qquad x = 11,5 \qquad \text{ou } 12 \text{ h.}$$
$$102 : 36 :: 56 : x. \qquad x = 19,8 \qquad \text{ou } 20 \text{ h.}$$

Le dernier poste aurait donc à fournir 20 h. sur 36 ou en réalité 10 sur 18, lesquels feront double faction. Le tout pourra fournir à 57 factions.

838. On cherchera l'intérêt de 1540 fr. pour 290 jours, à 7 p. 100 par an, au moyen des deux proportions suivantes :

$$360 : 290 :: 7 \quad : x. \quad x = 5,639 \text{ intérêt de } 100.$$
$$100 : 1540 :: 5,639 : x. \quad x = 86,84.$$

La différence de 86,84 à 96^f,62 ou 9^f,78 est le total du droit de commission pour 1540 fr.; ce qu'il serait pour 100 résulte de la proportion :

$$1540 : 100 :: 9,78 : x. \qquad x = 0,635.$$

839. Même procédé : — On trouve par les proportions ordinaires que l'intérêt de 3022 fr. est 93^f,85 ; donc il reste pour la commission 5,50. Ce qu'elle prend pour 100 est donné par la proportion :

$$3022 : 100 :: 5,50 : x. \qquad x = 0,182.$$

840. Le droit et l'intérêt pour 100 valent ensemble 6,05 par an. On cherchera d'abord à quoi ce nombre se réduirait pour 250 jours au moyen de la proportion :

$$360 : 250 :: 6,05 : x. \qquad x = 4,201.$$

Or, si 100 rapportent cela, quelle est la somme qui rapporterait 140^f,78 dans le même temps? On a pour réponse le quatrième terme de la proportion :

4,201 : 140,78 :: 100 : x.   D'où $x = 3351^f$,10.

841. Même procédé. — La commission et l'intérêt ensemble valent 6 fr. pour 100 par an; on aura leur valeur pour 367 jours par la proportion :

360 : 367 :: 6 : x. $x = 6,1167$.

La proportion suivante donnera le capital cherché :

6,1167 : 206,13 :: 100 : x. $x = 3370$ fr.

842. On cherchera d'abord ce que la somme 804 fr. rapporterait dans un an, au lieu des 52 fr. qu'elle rapporte en 11 mois 20 jours; c'est ce qu'on saura par la proportion suivante :

350 : 360 :: 52 : x. $x = 53,49$.

Sur cette somme, retranchons les 0,65 pour 100 de 804, qu'on trouvera par la proportion :

100 : 804 :: 0,65 : x. $x = 5,226$;

il restera donc 48,264 pour l'intérêt seul. Or, à quel taux 804 rapportent-ils cette somme? C'est ce qu'on saura par la proportion :

804 : 100 :: 48,264 : x. $x = 6^f$,003

par an; d'où par mois 0^f,50.

843. Même procédé. — On saura d'abord ce qui serait payé en un an par la proportion :

310 : 360 :: 492,20 : x. $x = 571^f$,59.

Cette somme se compose de l'intérêt de 9102 au taux inconnu, plus de la commission à 0,90 pour 100; on aura donc la valeur de la commission par la proportion :

100 : 0,90 :: 9102 : x. $x = 81,92$.

Retranchant de 571,59, on a 489^f,67 pour l'intérêt seul de

9102. Ce que serait le taux ou l'intérêt de 100 est donné par la proportion :

$$9102 : 100 :: 489,63 : x. \qquad x = 5,38.$$

844. L'intérêt et le droit de commission ensemble sont de 7,90 pour 100 par an. Nous trouverons ce que 1128 rapporteraient dans un an par la proportion :

$$100 : 1128 :: 7,90 : x. \qquad x = 89^f,11.$$

Si 1128 rapportent 89^{f}11 en un an, ils ont rapporté 413,20 dans un temps plus long, qui sera le quatrième terme de la proportion :

$$89,11 : 413,20 :: 360 : x. \qquad x = 1669 \text{ jours.}$$

845. Même procédé. — A 5,50 d'intérêt et $\frac{3}{5}$ ou 0,6 pour 100 de commission, ensemble 6,10 pour 100 par an, on trouvera ce que 108^f,10 rapporteront en un an par la proportion :

$$100 : 108,10 :: 6,10 : x. \qquad x = 6,594.$$

Si 108^f,10 rapportent cette somme en 360 jours, ils rapporteront 6,41 dans un temps moindre, qui sera le quatrième de la proportion :

$$6,594 : 6,41 :: 360 : x. \qquad x = 350 \text{ jours environ.}$$

846. Même procédé. — On a 4^f,50 et 0,70, ensemble 5,20. La proportion suivante donne le rapport de 615 fr. en un an :

$$100 : 615 :: 5,20 : x. \qquad x = 31,98.$$

Mais cette somme 615 a rapporté 49^f,10. Le temps correspondant est le quatrième terme de la proportion :

$$31,98 : 49,10 :: 360 : x. \qquad x = 553 \text{ jours environ.}$$

847. En vendant 68 centimes au lieu de 40, on gagne 28 centimes par litre ; et en vendant 68 au lieu de 75, on perd 7 centimes par litre. D'après les principes posés, on prendra donc 7 litres à 40 et 28 litres à 75. La somme des deux prix sera 23^f,80. Or, 28 plus 7 ou 35 litres à 0^f,68 donnent également 23^{f}80. Ainsi il y a bien compensation.

848. Même procédé. — On gagne 35 centimes sur chaque litre du premier vin, et l'on perd 10 centimes par litre du second. On prendra donc 35 litres de vin à 86 centimes et 10 litres à 35. La somme de ces deux prix est 31^f,50. Or c'est aussi ce que donnent 35 plus 10, ou 45 litres à 70. Ainsi il y a compensation.

849. Même procédé. — On gagnera 70 centimes par litre de la première espèce, et l'on perdra 10 centimes par litre de la seconde ; donc on prendra 10 litres à 1^f,30 et 70 litres à 2^f,10. La somme de ces deux valeurs est 160 francs ; or, telle est aussi la valeur de 70 plus 10, ou 80 litres à 2 fr. Ce qui vérifie les nombres trouvés.

850. Même procédé. — Il s'agit de faire du cidre à 18 centimes le litre, ou à 18 fr. l'hectolitre. Sur chaque hectolitre de la première espèce il y aurait 4^f de gain, et sur chaque hectolitre de la seconde espèce il y aurait 1^f,30 de perte. Donc on prendra 1^h,30 à 14 fr. et 4 hect. à 19^f,30. Ces deux valeurs réunies donnent 95^f,40. Or, c'est aussi le produit de 18^f par 1^h,3 plus 4, ou par 5^h,3. Ce qui vérifie les nombres trouvés.

851. Même procédé. — L'alcool qu'il s'agit de faire revient à 2^f·50 le litre ; donc sur un litre de la première espèce on gagnerait 1^f,05, et sur un litre de la seconde espèce on perdrait 0,10. Donc on prendra 0^l,10 à 3^f,55 et 1^f,05 à 2^f,40. La somme de ces deux produits donne 2^f,875. Or, tel est aussi le produit de 2^f,50 par 1^{l}05 plus 0^l,10, ou 1^l·15. Ce qui vérifie les nombres trouvés.

Remarque.—Au lieu des nombres fractionnaires de litres

0^l,10, 0^l.05, que nous venons de trouver, on peut prendre leurs multiples quelconques, par 100 par exemple, ce qui nous donnerait 10 litres et 105 litres, nombres qui satisfont également à la question, comme on peut s'en assurer. Cette observation s'applique à tous les cas.

852. En prenant du blé à 19^f·50, on gagnerait 0,50 par hectolitre; et sur chaque hectolitre à 23^f,75, on perdrait 3^f,75. On reconnaît, comme ci-dessus, qu'il faudrait prendre 0^l,50 à 23^f,75 et 3^l,75 à 19^f,50, ou, en décuplant, 5 litres de la première espèce, et 37^l,5 de la seconde; ce qui donne une valeur totale de 850^f. Or, on trouve que 42^l,15 à 20 fr. donnent également 850 fr.

853. Même procédé. — On gagnerait 1^f,70 par hectolitre de la seconde espèce, et l'on perdrait 5 fr. par hectolitre de la première. Cela nous mène à prendre 1^l,70 de la première espèce et 5 litres de la seconde, ou 17 litres et 50 litres. Les 17 litres à 28 coûteront 476 fr. ; les 50 litres à 21,30 coûteront 1065 fr. : ensemble, 1541 fr. Or, c'est aussi ce que donnent 17 plus 50 ou 67 litres à 23 fr.

854. On gagnerait sur un hectol. de la première espèce 0^f,80, et l'on perdrait 0^f·15 sur un hectol. de la seconde. Donc on devra prendre 0^h,15 à 7^f,20 et 0^h,80 à 8^f,15, ou mieux 15 hectol. de la première espèce et 80 hectol. de la seconde. On trouve que 15 hectol. à 7^f,20 coûtent 108^f, et 80 hectol. à 8^f,15 coûtent 652^f : ensemble, 760 fr. Or, tel est aussi le produit de 95 hectol. à 8 fr. de valeur moyenne.

855. Même procédé. — En prenant une même unité, le kilogramme, la première espèce coûte 0^f,285 le kil., la seconde espèce, 0^f,223; et l'on veut faire de la farine à 0^f,25 le kil. Sur la première espèce on perdrait donc 0^f·035 par kil., et l'on gagnerait sur la seconde 0^f,027.

7. }

Donc il faudra prendre 0^k,027 de la première, et 0^k,035 de la seconde, ou plutôt 27^k de l'une et 35^k de l'autre. Les 27^k à 0^f,285 coûteront 7^f,695; les 35^k à 0^f,223 coûteront 7^f,805 : ensemble, 15^f,50. Or, c'est aussi le produit que donnent 35 plus 27 ou 62 kil. à 0^f.25.

856. Même procédé. — Sur le riz à 33 centimes le kilogramme, on gagnerait 7 cent. par kil.; sur celui à 42 cent., on perdrait 2 centimes. On prendra donc 2 kil. à 33 et 7 kil. à 42, ce qui dépensera 66 cent. et 294 cent. : ensemble, 3^f,60. Or, tel est aussi le produit de 9 kilogr. à 0^f,40.

857. Même procédé. — On gagnerait 2^f,30 par kil. de la première espèce, et l'on perdrait 0^f,70 par kil. de la seconde. Il faudra donc mêler 0^k,70 de la première et 2^k,30 de la seconde, ou mieux 7 kil. contre 23. Les 7 kil. à 14^f et les 23 kil. à 17^f coûteront ensemble 489 fr. Or, tel est aussi le produit de 7 plus 23 ou 30 kil. à 16^f,30.

858. Si l'on ne fixait pas le nombre total des litres du mélange, on trouverait en opérant, comme dans tous les exemples ci-dessus, qu'il faut prendre 10 litres de la première espèce, qui coûteraient 4^f,50, et 5 litres de la seconde, qui coûteraient 3 francs : ensemble 7^f,50, somme qui est également le produit de 15 litres à 0,50.

Mais il y a ici la condition particulière que le mélange se composera de 200 litres. Or, d'après les observations faites dans la note en tête du problème 847, aux deux nombres 10 et 5 que nous venons de trouver, nous pouvons substituer tous leurs multiples, 2 fois 10 et 2 fois 5, 30 fois 10 et 30 fois 5, 77 fois 10 et 77 fois 5 ; en un mot, tous les nombres qui sont entre eux dans le même rapport que 10 et 5. Donc il s'agit ici de diviser le nombre 200 litres en 2 parties qui soient entre elles :: 10 : 5.

En opérant selon les procédés de la règle de répartition, nous aurons les 2 proportions suivantes :

$$15 : 10 :: 200 : x. \qquad x = 133^{l},33$$
$$15 : 5 :: 200 : x. \qquad x = 66^{l},67.$$

Ensemble.... $\qquad 200^{l},00.$

Le nombre total des litres du mélange étant fixé, il n'y a qu'une seule manière de satisfaire à la question; ainsi il faut prendre $133^{l},33$ de la première espèce et $66^{l},67$ de la seconde. — Sans cette condition, le problème admettrait, comme réponses, tous les couples de nombres qui seraient entre eux :: 10 : 5; c'est-à-dire qu'il y a une infinité de solutions différentes, dont nous ne prenons qu'une. Ces cas sont des problèmes *indéterminés;* celui que nous venons de traiter est au contraire *déterminé,* ainsi que les trois suivants.

859. On trouve d'abord, en raisonnant comme dans les divers exemples ci-dessus, qu'il faudrait prendre 25 litres à $2^{f},10$ et 90 litres à $3^{f},25$.

Or, puisqu'il faut composer 322 litres de mélange, il n'y a qu'à diviser 322 proportionnellement aux 2 nombres 25 et 90; ce qui se fait par les proportions :

$$115 : 25 :: 322 : x. \qquad x = 70$$
$$115 : 90 :: 322 : x. \qquad x = 252.$$

Ensemble.... $\qquad 322.$

860. Même procédé, en ramenant d'abord les prix au litre comme unité. On a du blé à $0^{f},1725$ le litre, et du blé à $0^{f},21$. En raisonnant comme dans les exemples ci-dessus, on trouve qu'il faudrait prendre 275 litres de la première espèce et 100 de la seconde; le prix total serait 75 francs.

Mais il s'agit de faire 159 litres de mélange. On répartira donc le nombre 159 comme 275 et 100 par les 2 pro-'portions :

$$375 : 275 :: 159 : x. \quad x = 116^{k},6$$
$$375 : 100 :: 159 : x. \quad x = 42^{k},4.$$

861. La question doit d'abord être mise sous la forme suivante, pour rentrer dans celle des exemples précédents :

On a de la luzerne à 0^f,32 le kil. et du trèfle à 0^f,293 le kil. Combien faut-il prendre de kilog. de chaque fourrage pour en composer 2812^k,5 à 1^f,3995 la botte ou 0^f,311 le kilogramme ?

Sous cette forme, et en raisonnant comme dans les exemples précédents, on trouve d'abord qu'il faudrait prendre 18 kil. de la première espèce et 9 kil. de la se-.conde.

Mais il faut former 2812^k,5 ; donc répartir ce nombre en deux autres qui soient entre eux :: 18 : 9 , ce qu'on obtiendra par deux proportions, comme ci-dessus. En re-marquant que le premier de ces nombres est double de l'autre, de sorte que 9 est le tiers de la somme, et 18 les $\frac{2}{3}$, il est plus simple de prendre le $\frac{1}{3}$ et les $\frac{2}{3}$ du nombre 2812^k,5 ; ce qui donne pour les deux nombres demandés 937^k,5 et 1875^k.

862. On reconnaît qu'on gagnerait 25 cent. sur le litre de la première espèce et 10 cent. sur le litre de la se-conde, en les vendant 1 fr. Supposons qu'on prenne un litre de l'une et un litre de l'autre, on gagnerait sur l'en-semble de ces deux litres 0^f,35. Sur un litre de la troisième espèce vendu 1 fr. seulement, on perdrait 0^f,40 ; donc il faudra prendre 0^k,40 et 0^k,35, ou mieux 40 litres de cha-cune des deux premières espèces, et 35 litres de la troi-sième. La valeur de 40 litres à 0^f,75 est 30 fr., celle de 40

litres à 0^f,90 est 36 fr., enfin, celle de 35 litres à 1^f,40 est
49 fr. : ensemble 115 fr. Or, tel est aussi le produit de 115
litres à 1 fr. Ce qui justifie les nombres trouvés. — Au
lieu de 40, 40, et 35, on peut prendre seulement les 3
nombres 8, 8, et 7, qui sont dans les mêmes rapports.

863. Même procédé. — En prenant 1 litre de chacune
des deux premières espèces, on gagnera 1^f,10 et 0^f,60 :
ensemble 1^f,70 sur les 2 litres. En prenant 1 litre de la
troisième qualité, on perdrait 0^f,90. D'où l'on conclut,
comme ci-dessus, qu'il faudra prendre 0^l,90 et 1^l,70, ou
mieux 7 litres de chacune des deux premières espèces et
17 litres de la troisième. Les 9 litres à 2 fr. donnent 18 fr.,
les 9 litres à 2^f,50 donnent 22^f,50 ; enfin, les 17 litres à
4 fr. donnent 68 fr. : ensemble 108^f,50. Or, tel est aussi le
produit que donnent 18 et 17 ou 35 litres à 3^f,10.

864. Même procédé. — Si le prix moyen doit être de
19 fr. l'hectolitre, on perdra sur 1 hectol. de la première
espèce 3 fr., et 2^f,50 sur 1 hect. de la seconde : ensemble
5^f,50 sur les 2 hectol. ; tandis qu'on gagnera 0^f,85 sur
1 hectol. de la troisième qualité. En raisonnant comme
ci-dessus, on sera amené à prendre 85 hectol. de chacune
des deux premières qualités et 550 de la troisième. On
trouve que 85 hectol. à 22 fr., 85 hectol. à 21^f,50 et
550 hectol. à 18^f,15 donnent une dépense totale de
13680 fr. Or, tel est aussi le produit de 550,85 et 85, ou
de 730 hectol. à 19 fr. — Au lieu des trois nombres 550,85
et 85, on peut prendre 110, 17 et 17, qui sont dans les
mêmes rapports, et qu'on obtient en divisant les premiers par 5.

865. Même procédé. — Sur 1 litre de la première et 1 litre de la seconde espèce on perd 10 et 5 ; ensemble 15 cent.
On perd aussi 15 centimes sur 1 litre de la troisième es-

pèce. D'où l'on reconnaît qu'il faut prendre 15 kilog. de cette dernière, et 15 kilog. aussi de chacune des deux premières, ou simplement 1 kilog. de chacune des trois espèces : on aura ainsi 35, 40 et 60 centimes; ensemble 1^f,35. Or, tel est aussi le prix de 3 kilog. à 45 centimes.

866. Sur 1 kilog. de chacune des deux premières qualités on gagnerait respectivement 90 cent. et 20 cent. : ensemble 1^f,10. Sur 1 kilog. de la troisième on perdrait 0^f,90. D'où l'on conclura, comme dans les exemples précédents, qu'il faudrait prendre 9 de chacune des deux premières espèces, et 11 de la troisième. — Ces nombres se vérifieraient comme à l'ordinaire.

Mais on demande un mélange déterminé de 96 kilog. Il faudra donc diviser 96 en trois parties qui soient comme les trois nombres 9, 9, 11 ; ce qui se fera par les proportions ordinaires; ou bien en remarquant que ces trois nombres valant 29, on prendra les $\frac{9}{29}$, les $\frac{9}{29}$ et les $\frac{11}{29}$ de 96. De toutes manières on arrive à 29, 79... 29, 79... 36, 41.

867. Même procédé. — A 25 fr., prix moyen de l'hectolitre, on gagne sur 1 hectol. de la première qualité 1^f,90; sur 1 hectol. de la seconde, 3^f,50 : ensemble 5^f,40. Sur 1 hectol. de la troisième on perd 1 fr. On prendra donc 1 hectol. de chacune des deux premières espèces et 5^h,4 de la troisième qualité. Ces nombres se vérifient comme à l'ordinaire.

Mais on veut faire un mélange de 0^h,85. — On fera donc la répartition de ce nombre, dans le rapport des trois nombres 1... 1... 5,4 ; ou de 85 litres, en remplaçant les hectolitres par des litres, ce qui conserve les mêmes rapports. La répartition étant faite par les moyens ordinaires, on trouve les trois nombres $11^k,486...$ $11^k,486...$ $62^k,025$.

868. Même procédé. — On gagne sur 1 kilog. de la première qualité 20 cent. ; mais on perd sur 1 kilog. de la seconde 5 cent., et sur 1 kilog. de la troisième, 20 cent. ; on a donc un gain de 20 cent. contre une perte de 25 cent. faite sur 2 kilog. Donc on devrait prendre 25 kilogrammes de la première espèce et 20 kilog. de chacune des deux autres. Ces nombres se vérifient comme à l'ordinaire.

Mais il faut un mélange de 185 kilog. On fait la répartition proportionnelle, et l'on trouve $71^k,154...$ $56^k,923...$ $56^k,923$.

869. Sur un litre du premier vin qu'on vendrait $1^f,60$, on ferait un profit de $0^f,70$; sur un litre de la seconde qualité, on gagnerait $0^f,40$; enfin, sur un litre de la troisième, on gagnerait $0^f,10$; ensemble $1^f,20$ sur les trois. D'un autre côté, on perdrait $0^f,40$ sur 1 lit. de la quatrième ; d'où l'on conclura qu'il faut prendre 4 lit. de chacune des trois premières espèces et 12 litres de la dernière. Ceux-ci coûteront 12 fois 2 ou 24 fr. ; les trois autres qualités coûteront respectivement 4 fois $0^f,90$, 4 fois $1^f,20$ et 4 fois $1^f,50$: avec 24 fr., c'est un total de $38^f,40$. Or, il y aura en tout 24 litres au prix moyen de $1^f,60$, ce qui donne exactement le même produit.

870. Même procédé. — Sur la première qualité on gagnera $0^f,50$; sur 1 hectolitre de chacune des trois autres, on perdra respectivement 10 centimes, 1 franc et $1^f,20$; ensemble $2^f,30$; d'où l'on conclura, comme ci-dessus, qu'il y aura à prendre 5 hectolitres de chacune des trois dernières espèces et 23 hectolitres de la première. Les quatre prix seront respectivement $15^f,50$; 20^f,

21ᶠ, et 57ᶠ,50 ; ensemble 114 fr. Or, tel est aussi le produit de 3 fr. par 38 litres.

871. Il y a deux qualités dont le prix est au-dessus du moyen, et deux qualités d'un prix au-dessous. On supposera qu'on prend 1 kil. de chaque espèce dans ces deux groupes. En prenant 1 kil. à 18ᶠ,50 et 1 kil. à 13ᶠ,20, on gagnera sur le prix moyen 3ᶠ,60 et 1ᶠ,90 ; ensemble 5ᶠ,50. On reconnaîtra de même qu'on perdrait, en prenant 1 kil. de chacune des deux autres qualités, 1ᶠ05, et 2ᶠ,35 ; ensemble 3ᶠ,40. Donc il faudra prendre 34 kil. de chacune des deux premières espèces, et 55 kil. de chacune des deux secondes. Les 34 kil. à 11ᶠ,50 et les 34 kil. à 13ᶠ,50 vaudront ensemble 839ᶠ,80 ; les 55 kil. à 16ᶠ,15 et les 55 kil. à 17ᶠ,45 vaudront ensemble 1848 fr. Total : 2687ᶠ,80. Or, le même total est fourni par les 178 kil. des quatre espèces, au prix moyen de 15ᶠ,10.

872. Il s'agit de partager 66 kilogr. en deux parties qui soient entre elles :: 34 : 55, ce qu'on fera par les proportions :

$$89 : 34 :: 66 : x. \qquad x = 25,213.$$
$$89 : 55 :: 66 : x. \qquad x = 40,787.$$

Il y aura 25ᵏ,213 pour l'ensemble des deux premières espèces, et, par conséquent, 12ᵏ,606 pour chacune ; il y aura de même 20ᵏ,394 pour chacune des deux autres.

873. Sur les ouvriers travaillant à 2ᶠ,10 et qu'on devrait payer 2ᶠ,90, on gagne 0ᶠ,80 ; sur les autres, au contraire, on perdrait 0ᶠ,60. Il y aura compensation, en prenant 6 ouvriers du premier prix et 8 ouvriers du second (ou 3 contre 4). On trouve en effet que 6 ouvriers à 2ᶠ,10 recevront 12ᶠ,60, et que 8 ouvriers à 3ᶠ,50 recevront 28 fr. ; ensemble 40ᶠ,60. Or, les 14 ouvriers à 2ᶠ,90 recevraient précisément la même somme.

874. Il s'agit de répartir 70 en 2 nombres qui soient entre eux :: 6 : 8, ou :: 3 : 4 ; d'où l'on voit que le premier nombre sera les $\frac{3}{7}$ de 70, et l'autre les $\frac{4}{7}$, c'est-à-dire qu'on aura 30 ouvriers d'une part, et de l'autre 40.

875. On supposera qu'on prendra le même nombre d'hommes et de femmes. Sur un homme payé 3^f,50, tandis que le prix moyen sera 1^f,50, la perte sera 2 fr. ; sur une femme, elle sera de 0^f,50 ; ensemble 2^f,50. Mais sur un enfant il y aura 0,70 de profit ; d'où l'on conclura qu'il faut prendre 7 en hommes et en femmes, et prendre 25 enfants. On trouve en effet que 7 hommes à 3^f,50, 7 femmes à 2 fr., et 25 enfants à 0^f,80, font une dépense totale de 58^f,50. Or, ces 39 individus à 1^f,50 donnent précisément le même produit 58^f,50.

876. Il s'agit de partager 120 en trois parties qui soient comme les nombres 7, 7, 25 ; ou simplement 14 et 25 ; c'est ce qu'on fait par les deux proportions :

$$39 : 14 :: 120 : x. \qquad x = 43,08.$$
$$39 : 25 :: 130 : x. \qquad x = 76,92.$$

Le premier de ces deux nombres représentant les hommes et les femmes, il faut le diviser en deux ; de sorte qu'on trouve pour les hommes, les femmes et les enfants, les trois nombres respectifs : 21,54... 21,54... 76,92. On prendrait les nombres entiers les plus approchants, ou, par exemple, 22 hommes, 21 femmes, et 77 enfants.

877. En raisonnant comme dans tous les cas précédents, on remarque que 1 gramme du premier lingot contenant 0^{gr},903 d'or, et 1 gramme du lingot à faire contenant 0^{gr},895, la substitution de 1 gramme du premier lingot à 1 gramme du lingot moyen donnerait un excès d'or égal à la différence de ces deux nombres ou 0^{gr},008. Par contre, la substitution de 1 gramme du deuxième lingot à 1 gramme du lingot moyen donnerait un déficit égal à la différence de 0^{gr},875 à 0^{gr},895, ou 0^{gr},020 ; et puisque le lingot moyen est composé des deux, de telle sorte que la valeur doit rester la même, il faut que l'excès et le déficit se compensent ; ce qui, rentrant dans les cas précédents, amène à conclure qu'il faut prendre sur le premier et le deuxième lingot en rapport inverse, c'est-à-dire :: 0,020 : 0,008, ou 20 grammes contre 8 ; par exemple, 20 grammes du premier contre 8 gr. du second, ou des nombres quelconques dans le même rapport.

Mais le poids du troisième lingot est déterminé ; il doit être de 1000 grammes. On voit qu'il s'agit de partager 1000 proportionnellement aux deux nombres 20 et 8. En calculant par les proportions, on a :

$28:20::1000:x.$ $x=714^{gr}$,286 du premier lingot.

$28: 8::1000:x.$ $x=285^{gr}$,714 du second.

Ensemble... 1000.

878. Même procédé. — Les deux différences des titres donnés avec le titre moyen sont respectivement 0,011 et 0,005 ; donc il faudra prendre 5 grammes du premier lingot contre 11 grammes du second ; puis il faut diviser 1000 gr. proportionnellement à ces deux nombres. On a :

$16: 5::1000:x.$ $x=312^{gr}$,5 du premier lingot.

$16:11::1000:x.$ $x=687^{gr}$,5 du second.

Ensemble... 1000.

879. Même procédé. — Les différences des titres étant respectivement 0,042 et 0,030 , il faudra pour la compensation prendre 30 grammes du premier lingot contre 42 du second, puis diviser 1000 proportionnellement à ces deux nombres ; d'où les deux proportions :

$72:30::1000:x.$ $x=416^{gr}$,67 du premier lingot.

$72:42::1000:x.$ $x=583^{gr}$,33 du second.

880. Même procédé. — Le titre du premier étant 1000, ou 1 par gramme, sa différence avec le titre moyen 0,950 est 0,050 ; la différence de l'autre titre 0,915 avec le même titre moyen est 0,035. Il y aura donc compensation avec 35 grammes du premier lingot et 50 du second, ou 7 contre 10 ; puis on divisera 1000 grammes par les deux proportions :

$$17 : 7 :: 1000 : x. \qquad x = 411^{gr},765 \text{ du premier lingot.}$$
$$17 : 10 :: 1000 : x. \qquad x = 588^{gr},235 \text{ du second.}$$

881. Sur un litre d'alcool, le titre 0,87 du premier diffère en plus du titre moyen 0,80 de 0,07, et le second donne une différence en moins de 0,05 ; donc on aura la compensation par l'inverse, ou en prenant 5 litres du premier contre 7 litres du second ; puis il faudra répartir t hectolitre ou 100 litres par les deux proportions :

$$12 : 5 :: 100 : x. \qquad x = 41^{lit},667 \text{ du premier.}$$
$$12 : 7 :: 100 : x. \qquad x = 58^{lit},333 \text{ du second.}$$

882. Le titre du premier vin est de 0,68, et celui du second 0,89. La différence du premier avec le titre moyen 0,75 est de 0,07 en moins, et la différence du second avec le moyen est de 0,14 en plus. Il y aura compensation, si l'on prend 14 litres du premier vin et 7 litres du second. On répartira 100 litres dans ce rapport de 14 à 7, ou de 2 à 1 ; ce qui donnera évidemment et sans proportion les $\frac{2}{3}$ de 100 litres pour le premier, et le $\frac{1}{3}$ pour le second, c'est-à-dire respectivement $66^{lit},67$ et $33^{lit},33$.

883. Les 2 titres d'acide sont respectivement 0,78 et 0,67... ce qui donne avec le titre moyen 0,75 une différence en plus de 0,03, et une différence en moins de 0,08. Pour la compensation, il faudra prendre 8 litres de la première espèce et 3 litres de la seconde ; puis il faudra répartir 1000 grammes comme 8 : 3 par les proportions :

$$11:8::1000:x. \qquad x = 727^{gr},273 \text{ du premier.}$$
$$11:3::1000:x. \qquad x = 272^{gr},727 \text{ du second.}$$

884. A 35 grammes de chicorée sur 1000 grammes de pur, le titre est 0,965 ; le second titre est 0,915, et le titre moyen 0,950. Il en résulte une différence en plus de 0,015 et une différence en moins de 0,035 ; donc la compensation se fera avec 35 kilogr. du premier et 15 kilogr. du second, ou 7 contre 3. Pour répartir 1000 grammes du mélange dans le rapport de ces deux nombres, on aura les proportions :

$$10:7::1000:x. \qquad x = 700 \text{ grammes du premier.}$$
$$10:3::1000:x. \qquad x = 300 \text{ grammes du second.}$$

885. Les 425 bouteilles à $1^f,35$ ont une valeur totale de $573^f,75$; autant de fois ce prix contient $0^f,90$, prix d'une bouteille de seconde espèce, autant on donnerait en échange de ces secondes bouteilles : le quotient est 637,5. Mais si les bouteilles à $0^f,90$ sont plus grandes que les premières, elles contiennent davantage et sont, par conséquent, en moindre nombre pour contenir l'équivalent ; les premières étant représentées par 11, les secondes le seraient par 13, et le nombre de celles-ci serait moindre que 637,5 dans le rapport inverse de 11 à 13 ; d'où la proportion :

$$13 : 11 :: 637,5 : x. \qquad x = 539 \text{ bouteilles environ.}$$

886. Même procédé. — Les 206 bouteilles de vieux cognac à $3^f,10$ coûtent en tout $638^f,60$, et, en divisant ce prix par $1^f,85$, prix de la bouteille de deuxième qualité, on trouve 345,2 pour le nombre de ces bouteilles, qui donnerait une valeur équivalente, en supposant toutes les bouteilles égales. Mais les secondes sont plus grandes de $\frac{3}{20}$, c'est-à-dire que les premières étant représentées par 20, les secondes le seraient par 23. Leur nombre devant être d'autant moindre qu'elles sont plus grandes, on aura leur nombre définitif par la proportion inverse :

$$23 : 20 :: 345,2 : x. \qquad x = 300 \text{ bouteilles.}$$

887. Les 155 kil. de chocolat à 4$^\text{f}$,25 coûteraient ensemble 658$^\text{f}$,75. On trouverait le nombre de kil. de café équivalent, en divisant ce prix par celui d'un kil. de café. Mais ce prix 5$^\text{f}$,10 doit être réduit de 11 p. 100, ou réduit à ses 0,89. On multipliera donc 5$^\text{f}$,10 par 0,89 ; ce qui donne 4$^\text{f}$,539 pour le prix réduit du kilogr. de café. C'est par ce prix réduit que nous diviserons 658$^\text{f}$,75. Le quotient 146 représente le nombre des kil. de café qui répondent à la question.

888. Même procédé. — Les 92 kil. de gomme à 3$^\text{f}$,60 coûtent 331$^\text{f}$,20. Le sucre est réduit à 0,93 de son prix 1$^\text{f}$,20, ou à 1$^\text{f}$,116. On divisera donc 331,20 par 1,116 ; le quotient donnera 296$^\text{kil}$,77 de sucre.

889. Même procédé. — Les 66 kil. de beurre à 1$^\text{f}$,60 donnent 105$^\text{f}$,60 ; nombre qu'il faut réduire à ses 93 $\frac{1}{2}$ p. 100 ou à 0,935 ; ce qui donne par la multiplication 98$^\text{f}$,736. Ce nombre divisé par 0$^\text{f}$,35, prix du kil. de riz, donne 282,1 pour le nombre de kil. de riz.

890. Les 135 kil. de chocolat à 4$^\text{f}$,70 coûtent 634$^\text{f}$50. On aura le nombre équivalent de kil. de thé en divisant 634$^\text{f}$,50 par le prix du kil. de thé, 13$^\text{f}$,50 augmentés préalablement des 2 $\frac{1}{2}$ p. 100 de droit ; ce qu'on trouve par la proportion :

$$100 : 102,50 :: 13,50 : x. \qquad x = 13,8375.$$

Le quotient de 634,50, divisés par ce nombre, donne 45$^\text{kil}$,85 pour le nombre de kil. de thé demandé.

891. Même procédé. — Les 222$^\text{m}$,20 de mérinos à 3$^\text{f}$,50 font une dépense de 777$^\text{f}$,70. Le prix du drap de-

vant être augmenté de 3 p. 100, devient le quatrième
terme de la proportion :

$$100 : 103 :: 17,15 : x. \qquad x = 17^{\text{f}},6645.$$

Comme ci-dessus, on obtiendra la quantité de drap équivalente en divisant 777,40 par 17^{f},6645, prix du mètre
de drap ; ce qui donne 44^{m},01.

892. Le travail d'un homme étant pris pour unité,
celui d'une femme serait $\frac{3}{6}$ ou 0,6. De plus, si l'on exige
une augmentation de 6 p. 100, celui-ci deviendra le quatrième terme de la proportion :

$$100 : 106 :: 0,6 : x. \qquad x = 0,636.$$

Cela posé, s'il faut 30 hommes pour l'ouvrage à faire, il
faudra pour le même ouvrage un nombre de femmes d'autant plus grand, que le travail d'une femme est moindre.
De là la proportion inverse :

$$0,636 : 1 :: 30 : x. \qquad x = 47,2.$$

Ce qui veut dire qu'il faudrait 47 femmes, et qu'il resterait quelque chose à faire ; 48 femmes seraient plus que
suffisantes.

893. Même procédé. — Le travail d'un homme étant 1,
celui d'une femme est représenté par 0,7. De plus, cette
dernière valeur doit être réduite à ses 0,92. Le produit
est 0,644, résultat qu'on peut trouver sans proportion.
Cela posé, le nombre des femmes sera à celui des hommes
qui feraient un certain ouvrage, en rapport inverse des
quantités de travail individuel ; d'où la proportion inverse :

$$0,644 : 1 :: 75 : x. \qquad x = 116,46,$$

c'est-à-dire plus de 116 et moins de 117 ouvrières.

894. Même procédé. — Le travail d'une femme étant
pris pour unité, celui d'un enfant serait $\frac{3}{17}$. De plus, cette
valeur est diminuée de $\frac{3}{50}$ ou réduite à ses $\frac{47}{50}$. On trouve

pour les $\frac{47}{50}$ de $\frac{8}{17}$ le produit $\frac{376}{850}$. Or, comme ci-dessus, les nombres de femmes et d'enfants nécessaires pour un même ouvrage sont en rapport inverse de leur travail individuel respectif ; d'où la proportion inverse :

$$\frac{376}{850} : 1 :: 45 : x. \qquad x = 101,7.$$

On emploierait 102 enfants.

895. Les 60 stères de bois à 350 kil. donnent un poids total de 21000 kil. Il faudrait autant de houille, si ces deux substances donnaient, à poids égal, la même quantité de chaleur ; mais la houille donne 2,1, quand le bois donne 1 ; les poids de houille et de bois qui émettront la même quantité de chaleur, sont donc en rapport inverse, et l'on aura la proportion :

$$2,1 : 1 :: 21000 : x. \qquad x = 10000 \text{ kil. de houille.}$$

Mais, vu la diminution du feu, il faudra moins de combustible, dans le rapport de la journée de 12 heures à celle de $10^h,20^m$, ou de 720^m à 620^m ; d'où la proportion :

$$720 : 620 :: 10000^{kil.} : x. \qquad x = 8611,11.$$

Il faudra donc environ 8611 kil. de houille.

896. On aura d'abord l'équivalent de la houille en bois par la proportion inverse :

$$1 : 2,1 :: 9620 : x. \qquad x = 20202.$$

Tel est le nombre de kil. de bois nécessaire pour une journée de feu de 11 heures. Mais il doit être augmenté dans le rapport de 11^h à $13^h,50^m$, ou de 660^m à 830^m ; d'où la proportion :

$$660 : 830 :: 20202 : x. \qquad x = 25406.$$

Pour changer ce poids de bois en stères à 350 kil., il faut le diviser par 350, ce qui donne $72^{st.},59$.

897. Il faut diviser $1^s,299$ proportionnellement aux deux nombres 21 et 79, ou, plus simplement, en prendre les $\frac{21}{100}$ et les $\frac{79}{100}$, en multipliant respectivement par

0,21 et 0,79. Les deux résultats sont : pour l'oxygène, $0^g,27279$, et pour l'azote, $1^g,02621$.

898. Même procédé. — Il faut multiplier 912 gr. par les nombres respectifs 0,712 et 0,288. Les deux résultats sont : alcool , $649^g,34$; eau, $262^g,66$.

899. Un litre d'oxygène pesant $1^g,430$, et deux litres d'hydrogène $0^g,176$, l'ensemble d'un litre du premier gaz et de deux litres du second pèsera $1^g,606$, et l'on aura dans un litre d'eau autant de fois cette combinaison des trois litres que $1^g,606$ sont contenus dans 1000 grammes. La division donne 622,66. Donc il y a ce nombre de fois un litre d'oxygène et deux litres d'hydrogène, par conséquent $622^l,66$ d'oxygène, et le double, ou $1245^l,32$ d'hydrogène.

900. En additionnant les poids d'un litre de chacun des deux gaz simples, on a $3^g,236$ pour le poids d'un litre de gaz acide chlorhydrique. On aura d'abord, comme ci-dessus, les couples de litres des deux gaz en divisant 675 gr. par $3^g,236$, poids d'un couple ; le quotient est 280,28, dont la moitié $140^l,14$ indique le nombre de litres de chacun des deux gaz.

901. Il s'agit de partager 945 kil. comme 300 : 201 ; d'où ces deux proportions :

$$501:300::945:x. \qquad x=565^k,87 \text{ oxygène.}$$
$$501:201::945:x. \qquad x=379^k,13 \text{ soufre.}$$

902. On répartira 622 comme 500 : 177, au moyen des deux proportions :

$$677:500::622:x. \qquad x=459^k,38 \text{ oxygène.}$$
$$677:177::622:x. \qquad x=162^k,62 \text{ azote.}$$

903. Répartition proportionnelle par les deux proportions :

$$390:100::328:x. \qquad x=84^k,102 \text{ oxygène.}$$
$$390:290::328:x. \qquad x=243^k,898 \text{ calcium.}$$

904. Répartition proportionnelle par les deux proportions :

$$276:200::903:x. \qquad x = 654^k,3 \text{ oxygène.}$$
$$276:76::903:x. \qquad x = 248,6 \text{ carbone.}$$

905. Il s'agit de répartir 722 en quatre parties qui soient entre elles comme les nombres 200, 76, 100, 290 ; ce qu'on fera par les quatre proportions suivantes :

$$666:200::722:x. \qquad x = 216^k,8 \text{ oxygène.}$$
$$666:76::722:x. \qquad x = 82,4 \text{ carbone.}$$
$$666:100::722:x. \qquad x = 103,4 \text{ oxygène.}$$
$$666:290::722:x. \qquad x = 314,4 \text{ calcium.}$$

$$\text{Ensemble.... } 722^k.$$

906. Répartition proportionnelle comme les quatre nombres 300, 201, 100, 290. On a les proportions :

$$891:300::650:x. \qquad x = 218^k,85 \text{ oxygène.}$$
$$891:201::650:x. \qquad x = 146,63 \text{ soufre.}$$
$$891:100::650:x. \qquad x = 72,95 \text{ oxygène.}$$
$$891:290::650:x. \qquad x = 211,56 \text{ calcium.}$$

$$\text{Ensemble.... } 649^k,99$$

907. Répartition proportionnelle, comme les quatre nombres 500, 177, 100, 290 ; d'où les proportions :

$$1067:500::215:x. \qquad x = 100^k,75 \text{ oxygène.}$$
$$1067:177::215:x. \qquad x = 35,67 \text{ azote.}$$
$$1067:100::215:x. \qquad x = 20,15 \text{ oxygène.}$$
$$1067:290::215:x. \qquad x = 58,43 \text{ calcium.}$$

$$\text{Ensemble.... } 215^k.$$

908. Le phosphate de chaux forme les 51 centièmes des 30 kil., et le phosphore les $\frac{20}{81}$ de ces $\frac{51}{100}$, ou les $\frac{51}{405}$, en réduisant le produit des deux fractions ; donc il faut prendre les $\frac{51}{405}$ de 30 kil., ce qui se fait en multipliant le nu-

8

mérateur par 30, et divisant par le dénominateur. Résultat, $3^k,778$.

909. D'après le n° 903, le calcium est à l'oxygène dans le rapport de 290 : 100, c'est-à-dire qu'il est les $\frac{290}{390}$ ou les $\frac{29}{39}$ du poids de la chaux. Avec cette chaux, représentée par 390, se combine une quantité d'acide représentée par 276; ensemble, 666 parties, dont le calcium prend 290. Donc il est les $\frac{290}{666}$ du carbonate de chaux. Celui-ci entre pour $\frac{11}{100}$ dans les 30 kil. d'os. Donc il s'agit de prendre les $\frac{290}{666}$ de $\frac{11}{100}$ de 30 kil., ce qui se fait en multipliant 290 par 11, puis par 30, et divisant par 66600. Le résultat est $1^k,437$.

910. On prendra d'abord pour la gélatine les 0,32 de 30 kil., qui sont $9^k,60$; puis on fera la proportion :
$$100 : 7,91 :: 9,60 : x. \qquad x = 0^k,75936.$$

911. Il s'agit de prendre les $\frac{81}{502}$ de 0,32 de 30 kil. ou de $9^k,60$. Pour cela on multipliera 9,60 par 81, et l'on divisera par 502. Le résultat est $1^k,549$.

912. Il s'agit de partager 2325 kil. comme les trois nombres 75, 12,5 et 12,5, ou simplement 75 et 25... puis partager le dernier résultat en deux. On a les proportions :
$$100 : 75 :: 2325 : x. \qquad x = 1743^k,75 \text{ salpêtre.}$$
$$100 : 25 :: 2325 : x. \qquad x = 581,25.$$
En partageant $581^k,25$, on a $290^k,625$ de soufre et autant de charbon. — On reconnaît aisément qu'on aurait pu prendre le $\frac{1}{4}$ et les $\frac{3}{4}$ du nombre 2325.

913. On a les trois proportions :
$$100:65::622200:x. \qquad x = 404300 \text{ salpêtre.}$$
$$100:15::622000:x. \qquad x = 93300 \text{ soufre.}$$
$$100:20::622000:x. \qquad x = 124400 \text{ charbon.}$$

Ensemble.... 622000

944. On a les trois proportions :

$$100 : 78 :: 22 : x. \qquad x = 17^{k},16 \text{ salpêtre.}$$
$$100 : 12 :: 22 : x. \qquad x = 2,64 \text{ soufre.}$$
$$100 : 10 :: 22 : x. \qquad x = 2,20 \text{ charbon.}$$

915. Les six pièces de huit pèsent ensemble 3600 kil., et contiennent du cuivre et de l'étain dans le rapport de 100 à 11. On aura donc d'abord l'étain que contiennent ces 3600 kil. par la proportion :

$$111 : 11 :: 3600 : x. \qquad x = 356^{k},75675.$$

La cloche dont il s'agit contiendrait donc ce poids d'étain ; elle contiendrait un poids de cuivre qui serait à celui-ci comme 78 est à 22, d'après la composition du métal de cloche. D'où la proportion :

$$22 : 78 :: 356^{k},756 : x. \qquad x = 1264^{k},866.$$

Ajoutant ce cuivre aux 356^{k},756 d'étain, on a pour poids total de la cloche 1621^{k},622.

916. Même procédé. — Ou bien, remarquant que le poids 2760 kil. d'un canon de 24 contient celui 600 kil. d'un canon de 8, un nombre de fois marqué par 4,6 tout juste, on voit qu'il n'y a qu'à multiplier le résultat précédent par 4,6. On trouve ainsi 7459^{k},46.

917. Comme aux n°s 484 et suivants. — On aura quatre proportions, dont la première est :

$$100 : 22004 :: 7 : x. \qquad x = 1540^{f},28,$$

rente qu'on ajoutera au capital, pour faire une seconde, une troisième, une quatrième proportions analogues ; ou bien, on peut calculer directement par chacune ce que devient le capital augmenté de l'intérêt au bout de l'année. La première proportion, par exemple, serait :

$$100 : 22004 :: 107 : x. \qquad x = 23544^{f},28.$$

Tel serait le capital placé au commencement de la deuxième

année, et qui vaudrait à la fin de cette année le quatrième terme de la proportion :

$$100 : 23544,28 :: 107 : x. \qquad x = 25192^\mathrm{f},38.$$

Puis on aurait la troisième proportion :

$$100 : 25192,38 :: 107 : x. \qquad x = 26955^\mathrm{f},85 ;$$

enfin, l'on aurait la quatrième proportion :

$$100 : 26955,85 :: 107 : x. \qquad x = 28842^\mathrm{f},76.$$

Tel est le capital acquis après quatre ans.

918. On aura de même les trois proportions :

$$100 : 91000 \qquad :: 106,5 : x. \qquad x = 96915 ;$$
$$100 : 96915 \qquad :: 106,5 : x. \qquad x = 103244,475 ;$$
$$100 : 103244,475 :: 106,5 : x. \qquad x = 109923^\mathrm{f},42.$$

Tel est le capital acquis au bout de trois ans.

919. On aura les cinq proportions :

$$100 : 72220 \qquad :: 103 : x. \qquad x = 74386^\mathrm{f},60 ;$$
$$100 : 74386,60 :: 103 : x. \qquad x = 76618 ,20 ;$$
$$100 : 76618,20 :: 103 : x. \qquad x = 78916 ,75 ;$$
$$100 : 78916,75 :: 103 : x. \qquad x = 81284 ,25 ;$$
$$100 : 81284,25 :: 103 : x. \qquad x = 83722 ,78.$$

Tel est le capital acquis après cinq ans.

920. On aura six proportions analogues aux précédentes, dont la première est :

$$100 : 1140 :: 104,25 : x. \qquad x = 1188^\mathrm{f},45 ,$$

et dont le résultat définitif est $1463^\mathrm{f},60$.

921. La question ainsi posée par payements de 6 en 6 mois, revient à faire 7 placements pendant les 7 semestres de 3 ans et $\frac{1}{2}$, le taux de l'intérêt n'étant que la moitié de celui donné pour l'année ou 2,25 p. 100. On aura donc 7 proportions, dont la première est :

$$100 : 7240 :: 102,25 : x. \qquad x = 7402^\mathrm{f},90.$$

Le résultat fourni par la septième proportion est $8460^\mathrm{f},30$.

922. On aura cinq proportions pour des placements de 6 mois à 2^f,75 p. 100. La première est :

$$100 : 880 :: 102,75 : x. \qquad x = 904^f,20.$$

La cinquième proportion donne pour résultat définitif 1007^f,84.

923. Les placements se font de 3 mois en 3 mois, au taux de $\frac{1}{4}$ de 5 p. 100 ou 1,25. Ils seront d'abord au nombre de 7 pour 21 mois, et l'on aura le septième résultat par sept proportions, dont la première est :

$$100 : 2145 :: 101,25 : x. \qquad x = 2171^f,8125.$$

La septième donne pour résultat 2340. Pour le mois excédant, on fera la proportion :

$$100 : 2340 :: 5 : x. \qquad x = 117^f,$$

dont on prendra $\frac{1}{12}$, savoir, 9^f,75, qui, ajoutés à 2340, donnent 2349^f,75 pour le résultat cherché.

924. L'intérêt de 100 pour 3 mois est 1 fr.; on a d'abord 3 placements cumulés pour 9 mois, ce qui donne 978^f,80. Puis on trouvera l'intérêt de cette somme pendant 2 mois 22 jours ou 82 jours par les proportions :

$$360 : 82 :: 4 : x. \qquad x = 0,9111 \text{ pour } 100.$$

$$100 : 978,80 :: 0,9111 : x. \qquad x = 8^f,92,$$

qui, ajoutés à 978^f,80, donnent 987^f,72 pour le nombre cherché.

925. A 6 p. 100 par an, on aura 3 pour 6 mois, et la somme 22 sera devenue après 6 mois le quatrième terme de la proportion :

$$100 : 22 :: 103 : x. \qquad x = 22^f,66.$$

Il faut faire porter intérêt à ce nouveau capital pendant 2 m. 3 j., ce qu'on ferait par deux proportions, comme ci-dessus. Mais on peut remarquer aussi que l'intérêt de 100 pour 2 mois est 1 ou $\frac{1}{100}$ du capital; donc l'intérêt de 22,66 est 0,2266. Si tel est l'intérêt en 2 mois ou 60 jours, on aura pour 3 jours le vingtième de ce nombre ou 0,01133. Ajoutant ces deux résultats à 22^f,66, on trouve pour le total cherché 22^f,90.

926. On remarquera d'abord que la somme 100 vaut 107 au bout de la première année, et l'on cherchera ce que cette somme devient après les six autres années, au moyen de six proportions qui sont les suivantes :

$$100:107 \quad :: 107:x. \qquad x = 114,49,$$
$$100:144,49 \quad :: 107:x. \qquad x = 122,504;$$
$$100:122,504 :: 107:x. \qquad x = 131,08;$$
$$100:131,08 \quad :: 107:x. \qquad x = 140,26;$$
$$100:140,26 \quad :: 107:x. \qquad x = 150,08;$$
$$100:150,08 \quad :: 107:x. \qquad x = 160,59.$$

Telle est la valeur acquise par une somme 100; et réciproquement une somme 160,59 vaudrait 100 au point de départ, 7 ans auparavant; d'où résulte manifestement la proportion :

$$160,59 : 100 :: 93220 : x. \qquad x = 58048^f,44.$$

927. La perte de poids ou la différence de 629 à 538 est 91 grammes. Or le gramme est le poids d'un centimètre cube d'eau ; donc il y a 91 centim. cubes déplacés par le morceau de fer ; donc son volume est 91 centim. cubes.

928. Même procédé. — La perte est 21 grammes ; donc le volume du métal est 21 centim. cubes.

929. Même procédé. — La différence des poids est 189 grammes; donc le morceau de cuivre déplace et occupe 189 centim. cubes.

930. En passant du vide dans l'air, le globe de cuivre perd 1^{gr},41 ou 1410 milligrammes; donc il occupe le volume de 1410 centim. cubes d'air ; donc son volume est 1410 centim. cubes ou 1 déc. 410 centim. cubes.

951. La perte de poids du vide à l'air est de 3ᵍʳ,3 ou 3300 millimètres cubes; donc la boîte occupe 3300 centim. cubes, qui reviennent à 3 décim. 300 centim. cubes.

952. La perte est de 2ᵍʳ,78 ou 2780 millim. cubes; donc le volume est de 2780 centim. cubes ou 2 déc. 780 centimètres cubes.

953. Le lingot pesant 1153 gr. dans l'air, s'il était au titre 850, il contiendrait un poids d'or qui serait les 0,850 de 1153 ou 980ᵍʳ,05, et un nombre de centimètres cubes d'or égal au quotient de ce poids divisé par 19,5, poids d'un centimètre cube d'or. Ce quotient est 50,259. Tel serait le nombre des centim. cubes d'or. On trouverait par le même procédé que le nombre des centim. cubes de cuivre est 19,433. — L'ensemble de ces deux volumes est 69ᶜ·ᶜ,69. Tel serait le volume total du lingot, si le titre était réellement 850. Mais le volume est 71 centimètres cubes, puisque le poids perdu dans l'eau est de 71 gr.; donc le titre annoncé n'est pas le titre réel.

954. Pour répondre à cette question, on considérera que le volume réel étant plus considérable qu'il ne devrait être avec le titre 850, on doit supposer qu'on aura enlevé une certaine quantité d'or pour la remplacer par du cuivre, de manière à faire le même poids; mais ce qui augmente le volume, attendu qu'à poids égal le cuivre, qui est spécifiquement plus léger que l'or, doit occuper un plus grand volume. L'excédant de 71 centim. cubes sur 69,69 qu'on doit avoir, ou 1ᶜ·ᶜ,31, est le résultat de cette substitution. Supposons qu'on enlève un gramme d'or pour le remplacer par un gramme de cuivre, on enlève en volume un centim. cube divisé par 19,5, pour lui substituer un centim. cube divisé par 8,9; puisque tels sont, en grammes, les poids respectifs d'un centim. cube des deux métaux. La fraction substituée est plus grande que la fraction retranchée; en prenant la différence et réduisant en décimales, on trouve qu'à chaque échange pareil on ajoute, en cent. cubes, un volume représenté par 0,06108. Il y aura donc autant d'échanges que ce nombre de fois est contenu dans l'augmentation totale de volume 1ᶜ,31. Le quotient est 21,447; donc il a été retranché ce nombre de grammes d'or, et autant ajouté de grammes de cuivre. Or, le poids normal de l'or, dans l'hypothèse du titre supposé, a été trouvé 980ᵍʳ,05. De quoi retranchant 21,447, on a pour poids réel de l'or le nombre 958ᵍʳ,603, et pour celui du cuivre, la différence avec 1153 ou 194ᵍʳ,397.

Pour avoir le titre en millièmes, on posera la proportion évidente :

$$1153 : 958,6 :: 100 : x. \qquad x = 0,8314,$$

ou un peu plus de 831 millièmes.

933. La différence des poids étant 114 gr., le volume du lingot est de 114 centim. cubes. — Si le titre était 920, comme on l'annonce, le poids de l'or serait les 0,920 de 1521 gr. ou 1399,25; poids qui, divisé par 19ᵍʳ,5, donne un nombre de centim. cubes d'or égal à 71ᶜ,76. On trouve de la même manière que le volume du cuivre, en centim. cubes, serait 13ᶜ,673. Additionnant ces deux nombres, on trouve qu'avec le titre 920, le volume du lingot serait 85ᶜ,433, tandis qu'il est en réalité 114. — Donc le titre annoncé n'est pas le titre réel.

Pour trouver celui-ci, nous procédons encore comme dans le cas précédent. La différence en volume de 1 gramme d'or remplacé par 1 centim. cube de cuivre est en plus de 0ᶜ,06108, et la différence de volume du lingot réel avec celui qui aurait le titre 920 est 114 moins 85,433 ou 28ᶜ,567. Divisant ce dernier nombre par

0,06108, on a pour quotient 467,7, nombre qui exprime, comme dans le cas précédent, combien de grammes d'or ont été remplacés par autant de cuivre. Or, dans le titre supposé, on devait avoir en grammes d'or 1399,25 ; donc on n'a en réalité que ce nombre diminué de 467,7 ou 931^{gr},56. — Pour le cuivre on a le surplus, ou 589^{gr},44.

Enfin, pour trouver le titre, on a la proportion :

$$1521 : 931,56 :: 1000 : x. \qquad x = 612,4,$$

ou un peu plus de 612 millièmes.

956. Même procédé. — Il y a 12 grammes de perte de poids; donc le volume réel est 12 centim. cubes. On trouve, en opérant comme ci-dessus, qu'au titre supposé 942, il y aurait en poids 204^{gr},414 d'or ; en centim. cubes 10,4828 d'or et 1,4135 de cuivre; ensemble, 11,8963, qui diffèrent du volume réel 12 de 0^{c},1037. — Il y aura donc autant de grammes d'or remplacés par du cuivre que le nombre 0,1037 contiendra de fois 0,06108, différence de volume entre 1 gramme d'or et 1 gramme de cuivre. Le quotient 1,6977 est ce qu'il faut retrancher à 204^{gr},414 pour avoir le poids d'or réel, qu'on trouve ainsi de 202,716. — Il restera pour le cuivre la différence à 217 grammes ou 14^{gr},284.

Pour avoir le titre, nous posons la proportion :

$$217 : 202,716 :: 1000 : x. \qquad x = 9341,$$

un peu plus de 934 millièmes.

957. Même marche. — On trouve que dans un lingot pesant 163^{gr},2 au titre de 0,903, il y aurait 147^{gr},37 d'argent pur, qui, à raison de 10^{gr},5 le centimètre cube, occuperait 14$^{c.c.}$,035 ; et 15^{gr},83 de cuivre, qui, à raison de 8^{gr},9 par centimètre cube, occuperaient 1$^{c.c.}$,778. La somme de ces deux volumes est 15$^{c.c.}$,813. Mais puisqu'il y a 16^{gr},2 de perte de poids, il y a autant de centimètres

8.

cubes; et la différence $0^{c.c.},387$ montre qu'il y a excès, et que par conséquent le titre 0,903 n'est pas le titre réel.

La différence de 1 gramme d'argent à 1 gramme de cuivre en volume, est $\frac{1}{18,9}$ moins $\frac{1}{10,5}$, ou, réduction faite en décimales, 0,01712. Nous sommes amenés, comme dans les cas précédents, à diviser 0,387 par 0,01712; le quotient 22,6 marque le nombre de grammes d'argent qui ont été remplacés par du cuivre. Retranchant ce nombre, de l'argent trouvé, dans l'hypothèse du titre 0,903, savoir $147^{gr.},37$, il nous reste pour l'argent réel $124^{gr.},77$. — Le cuivre sera l'excédant de $163^{gr.},2$ ou $385^{gr.},43$.

Pour avoir le titre, nous poserons la proportion :

$$163,2 : 124,77 :: 1000 : x. \qquad x = 764,5,$$

ou un peu plus de 764 millièmes.

958. A 901, il y aurait $180^{gr.},17$ d'argent et $19^{gr.},80$ de cuivre dans un lingot de $199^{gr.},97$. Ces poids occuperaient respectivement $17^{c.c.},159$ et $2^{c.c.},224$; ensemble, $19^{c.c.},384$. Mais le volume réel, d'après la perte de poids, est $19^{c.c.},90$. La différence 0,516 montre que le titre supposé n'est pas réel.

En divisant 0,516 par 0,01712, on trouve pour quotient $30^{g.},14$. Tel est le nombre de grammes qu'il faut retrancher de $180^{gr.},17$ pour avoir l'argent réel, qu'on trouve ainsi de $150^{gr.},03$. — Le cuivre sera $49^{gr.},94$.

Pour avoir le titre, on a la proportion :

$$199,97 : 150,03 :: 1000 x. \qquad x = 750,2,$$

ou un peu plus de 750 millièmes.

959. Même procédé. — La perte de poids est $28^{gr.},50$; donc le volume réel est 28 centim. cubes et demi. Si le titre était 980, le poids de l'or sur $486^{gr.},25$ serait $476^{gr.},525$, et celui de l'argent $9^{gr.},725$; les volumes respectifs, obtenus en divisant par 19,5 et par 10,5, seraient $24^{c.c.},437$ et $0^{c.c.},926$; l'ensemble est $25^{c.c.},363$. — Différence en moins avec le volume réel, 3^{cc},137. —Il faudra diviser cette valeur par la différence $\frac{1}{10,5}$ moins $\frac{1}{19,5}$, ou, en réduisant en décimales, 0,043956. Le quotient 71^{gr},366 indique le nombre de grammes d'or remplacés par des grammes d'argent. Il y a donc, en grammes d'or réel, la différence entre ce nombre et 476,525 ou 405,159. Il y aura pour l'argent 81^{gr},091.

On aura le titre, par la proportion :

486,25 : 405,159 :: 1000 : x. $x = 0,8332$.

940. Même procédé. — On trouve, en suivant les raisonnements ci-dessus, les résultats suivants : or, 7^{gr},9186; argent, 0^{gr},7814; titre, 0,910.

941. Réduisant d'abord 12^h,44^m ou 764 min. en décimales de jour, ce qui donne 0,53055, on a la proportion :

389 : 360 :: 29,53055 : x. $x = 27^j,329$,

ou, en réduisant la partie décimale en heures et minutes, 27^j· 7^h· 54^m·.

942. On changera d'abord 360° en minutes, ce qui donne 21600′; avec les 59 excédantes qu'elle parcourt pour rattraper le soleil, la terre aura parcouru 21659′ en 24 heures. On aura le temps qu'elle emploie à parcourir les 360° tout juste, ou 21600′ par la proportion :

21659 : 21600 :: 24 : x. $x = 23^h,93462$.

La partie décimale multipliée par 60 donne 56^m,077, ou 56^m· 5^s·.

943. Il résulte de l'énoncé que les 0,45 du prix du vin valent 396 fr., et que la même fraction du prix des tuniques, de celui des pavés et de celui des animaux, vaut respectivement 221^f,40... 135 fr... 395^f,10. Or, en raisonnant comme on en a vu tant d'exemples, on trouve que le nombre dont les 0,45 valent 396 est 880 fr., que celui dont les 0,45 égalent 221,40 est 492 fr. On trouve de même pour les deux autres nombres 300 fr. et 878 fr. La somme de ces quatre nombres est 2550 fr. La différence avec 3000 fr. est 450 fr. Cette dernière somme est donc celle que l'usurier a donnée comptant.

944. On aura une série de proportions :

$$5 : 8 :: 6 : x. \qquad x = 9,6 \text{ moutons}$$

pour 8 chèvres ou pour 4 ânes. Combien pour 12 ânes ? C'est ce qu'apprend la proportion :

$$4 : 12 :: 9,6 : x. \qquad x = 28,8 \text{ moutons}$$

pour 12 ânes ou 3 vaches. Combien pour 13 vaches ? C'est ce que fait connaître une troisième proportion :

$$3 : 13 :: 28,8 : x. \qquad x = 124,8,$$

c'est-à-dire de 124 à 125 moutons.

945. D'après les rapports précédents, 12 ânes étant l'équivalent de 3 vaches, valent 182 fr. On aura le prix de 10 ânes par la proportion :

$$12 : 10 :: 182 : x. \qquad x = 151^f,67.$$

Si l'on a 8 chèvres pour 4 ânes, on en aurait 24 pour 12 ânes, ou 3 vaches, ou 182 fr. Ce que coûteront 6 chèvres sera donné par la proportion :

$$24 : 6 :: 182 : x. \qquad x = 45^f,50.$$

Enfin, pour avoir le prix de 17 moutons, on prendra d'abord le prix d'une vache qui est le $\frac{1}{3}$ de 182 fr., ou $60^f,667$; puis celui de 13 vaches, en multipliant par 13 ; ce qui donne $788^f,89$ pour prix de 13 vaches, ou de l'équivalent en moutons 124,8. Enfin, on aura le prix de 17 moutons par la proportion :

$$124,8 : 17 :: 788,89 : x. \qquad x = 107^f,43.$$

946. On aura une série de proportions. Et d'abord :

$$11^{th.} : 29^{th.} :: 40^f,70 : x. \qquad x = 107^f,30,$$

valeur de 29 thalers, ou de leur équivalent 20 dollars.
Que vaudront alors 47 dollars? On a :
$$20 : 47 :: 107^f,30 : x. \qquad x = 252^f,16,$$
valeur de 47 dollars ou de 10 liv. st., leur équivalent.
Que vaudront 26 liv. st.? On a :
$$10 : 26 :: 252^f,16 : x. \qquad x = 655^f,62,$$
valeur de 26 liv. st. ou de 25 guinées, leur équivalent.
Que vaudront 87 guinées? On a cette proportion finale :
$$25 : 87 :: 655^f,62 : x. \qquad x = 2281^f,50.$$

947. Même procédé. — Par une série d'opérations
semblables, on arrive au résultat : $203^f,50$.

948. Même procédé. — On arrive par une série de
proportions analogues au résultat : $210^f,76$.

949. Même procédé. — Ou bien, si 480 réis valent
3 fr., 160 réis valent 1 franc, et 548 fr. valent 548 fois
160 ou 87680 réis. Ceci est l'équivalent de 101 piastres ;
donc, en divisant par 101 et multipliant par 50, on aura
43416 réis pour 50 piastres, ou leur équivalent, 128 florins ; d'où l'on conclura, en divisant par 128 et multipliant par 14, la valeur de 14 florins, ou de leur équivalent 24 shillings et 2 pence. Ce nombre en réis est 4748.
Si tel est l'équivalent de $24^{sh} 2^p$, ou 290 pence, on aura
la valeur d'un réis en divisant 290 par 4748, et celle de
36142 réis en multipliant par 36142. — Le résultat en
pence est 2209, nombre qui, réduit en livres sterling et
shillings, donne $9^{liv. st.} 4^{sh} 1^p$.

950. Même procédé. — Par une série de raisonnements analogues, on parvient au nombre cherché, qui est
34700 p. environ.

951. La somme 26 se compose de deux parties : l'une
est le plus petit des deux nombres, l'autre est ce plus petit
plus 8, puisque 8 est la différence entre le plus petit et le

plus grand ; donc 26 est égal à deux fois le plus petit, plus 8 ; et en ôtant 8 de part et d'autre, il reste seulement 18 pour la valeur de deux fois le plus petit ; donc celui-ci est égal à la moitié de 18 ou à 9. Le plus grand sera 9, plus 8 ou 17. Les deux ensemble font bien 26.

952. Même procédé. — L'âge du père est égal à celui du fils, plus 33 ; donc le total 59, composé de l'âge du fils et de celui du père, revient à l'âge du fils, plus encore l'âge du fils, plus 33, ou deux fois l'âge du fils, plus 33. Cela formant 59, deux fois l'âge du fils seulement vaudront 59 diminués de 33, ou 26 ; donc l'âge du fils sera la moitié de 26 ou 13. Celui du père sera 13 plus 33, ou 46 ans.

953. Même procédé. — Le nombre 47 se compose évidemment de l'âge de la fille, plus du même âge augmenté de 23. Ainsi 2 fois l'âge de la fille plus 23 valent 47 ; donc 2 fois l'âge de la fille seulement valent 23 de moins, ou 47 diminués de 23, c'est-à-dire 24 ; donc l'âge de la fille en est la moitié, ou 12 ans. Celui de la mère est 12 plus 23, ou 35 ans.

954. Même procédé. — En réduisant en mois, nous trouvons qu'un total de 475 mois se compose de l'âge de la sœur, plus du même âge augmenté de 71 mois ; donc 2 fois l'âge de la sœur valent 71 mois de moins, ou 475 diminués de 71, c'est-à-dire 404 mois. Cet âge sera donc la moitié, ou 202 mois. Celui du frère sera 202 plus 71, ou 273 mois. En réduisant en années, on trouve pour la sœur 16 ans 10 mois, et pour le frère 22 ans 9 mois.

955. En prenant pour inconnue l'âge actuel du fils, dans 10 ans le triple de l'âge du fils sera 3 fois l'âge actuel, plus 3 fois 10, et l'âge du père alors sera son âge actuel, qui vaut 5 fois l'âge du fils, plus 10 ans ; donc il y a égalité entre 5 fois l'âge du fils augmentées de 10 ans, et 3 fois cet âge du fils augmentées de 30 ans. Si l'on ôte 10 ans de part et d'autre, ce qui laisse évidemment des quantités égales, on a pour résultat, d'une part, 5 fois l'âge du fils, d'autre part, 3 fois cet âge augmenté de 20 ans. D'où il est clair que ces 20 ans sont la différence entre 5 fois et 3 fois l'âge du fils ; donc 2 fois l'âge valent 20 ans, et en prenant la moitié on a 10 ans pour l'âge actuel du fils, et par conséquent 50 ans pour celui du père. — Dans 10 ans, ils auront l'un 20 ans, l'autre 60 ; or 60 est le triple de 20.

956. Même raisonnement. — Dans 21 ans, la fille aura son âge actuel, plus 21 ans ; le double sera 2 fois l'âge actuel, plus 42. Alors la mère aura 4 fois l'âge de la fille, plus 21 ans ; et en ôtant 21 de part et d'autre de ces 2 quantités égales, on a que 4 fois l'âge actuel de la fille valent 2 fois cet âge, plus 21 ; donc 2 fois l'âge de la fille valent la différence 21 ; donc la fille a 10 ans et $\frac{1}{2}$, et la mère a 42 ans. — Dans 21 ans, la première aura 31 ans $\frac{1}{2}$, la seconde 63 ans ; or ce dernier chiffre est bien le double de l'autre.

957. Il y a 3 ans, l'âge de l'oncle valait 10 fois l'âge actuel du neveu, qui avait 3 ans de moins ; or en répétant 10 fois un nombre moins 3, on retranche 3 chaque fois, de sorte qu'on a définitivement 10 fois le nombre moins 30 ; donc, d'après l'énoncé, 6 fois l'âge actuel du neveu moins 3 ans sont l'équivalent de 10 fois cet âge moins 30 ans ; autrement, 6 fois l'âge l'emportent de 3 ans sur 10 fois l'âge moins 30, ou enfin 6 fois l'âge égalent 10 fois l'âge moins 30, et augmentés de 3, c'est-à-dire égalent 10 fois l'âge moins 27. Il est clair que ces 27 ans sont la différence entre 6 fois l'âge et 10 fois l'âge, ou valent 4 fois l'âge actuel du neveu; donc cet âge est le quart de 27 ans, ou 6 ans et 9 mois. — D'où il résulte que l'âge actuel de l'oncle est 40 ans 6 mois. — Il y a 3 ans que les âges respectifs étaient 3 ans 9 mois et 37 ans 6 mois; ce dernier nombre est décuple de l'autre.

958. Même procédé. — L'âge de la tante il y a 2 ans valait 201 fois l'âge actuel de la nièce diminué de 2 ans, ce qui revient à 201 fois cet âge moins 201 fois 2 ans, ou moins 402 ans. Mais cet âge de la tante valait alors 9 fois l'âge actuel de la nièce moins 2 ans; donc 9 fois l'âge de la nièce l'emporte de 2 ans sur 201 fois cet âge moins 402; donc 9 fois l'âge égalent 201 fois l'âge moins 402 ans, plus 2 ans, ou moins 400 ans; donc ces 400 sont la valeur de la différence entre 9 fois l'âge et 201 fois l'âge, ou 192 fois l'âge actuel de la nièce; donc celui-ci est $\frac{1}{192}$ de 400 ans, ou 4800 mois, ce qui donne 25 mois ou 2 ans et 1 mois. — La tante a donc 18 ans 9 mois.

959. L'âge d'Anatole est les $\frac{9}{12}$ de celui d'Eusèbe, et il y a 7 ans il en était les $\frac{8}{12}$; donc en prenant pour inconnue l'âge d'Eusèbe, on a que les $\frac{9}{12}$ de cet âge diminués de 7 ans équivalent aux $\frac{48}{12}$ de ce même âge préalablement diminué de 7 ans, ou aux $\frac{8}{12}$ de cet âge moins aux $\frac{8}{12}$ de 7 ans, ou enfin aux $\frac{8}{12}$ de cet âge moins 4 ans $\frac{2}{3}$. D'où il résulte que les $\frac{9}{12}$ l'emportent de 7 ans sur les $\frac{8}{12}$ moins 4 ans $\frac{2}{3}$, ou égalent les $\frac{8}{12}$ moins 4 ans $\frac{2}{3}$, plus 7 ans, ou enfin égalent les $\frac{8}{12}$ de l'âge, plus 2 ans $\frac{1}{3}$; donc ces 2 ans $\frac{1}{3}$ valent la différence entre $\frac{9}{12}$ et $\frac{8}{12}$, ou $\frac{1}{12}$ de l'âge cherché; donc celui-ci est 12 fois 2 ans $\frac{1}{3}$ ou 28 ans; donc Anatole a les $\frac{3}{4}$ de 28 ou 21 ans. Il y a 7 ans, les âges étaient 21 et 14; or ce dernier nombre est les $\frac{2}{3}$ de l'autre.

960. L'âge de Théophile étant l'inconnue, dans 18 ans

l'âge d'Eusèbe, qui en sera les $\frac{8}{11}$, sera donc les $\frac{8}{11}$ de l'âge actuel, plus les $\frac{8}{11}$ de 18 ans, ou 18 fois l'âge, plus 13 ans $\frac{1}{11}$. Mais alors l'âge d'Eusèbe sera les $\frac{2}{5}$ actuels, plus 18 ans; donc les $\frac{2}{5}$ de l'âge de Théophile, plus 18 ans, équivalent aux $\frac{8}{11}$ de cet âge, plus 13 $\frac{1}{11}$; donc les $\frac{2}{5}$ doivent être augmentés de 18 pour équivaloir à la seconde partie, ou autrement les $\frac{2}{5}$ de l'âge cherché valent ses $\frac{8}{11}$, plus 13 ans $\frac{1}{11}$, moins 18 ans, ou les $\frac{8}{11}$ moins 4 ans $\frac{10}{11}$; donc ces 4 $\frac{10}{11}$ sont la différence entre les $\frac{2}{5}$ et les $\frac{8}{11}$ de l'âge, ou les $\frac{18}{55}$ de cet âge. Or on trouve aisément que le nombre dont les $\frac{18}{55}$ valent 4 $\frac{10}{11}$ est ce dernier nombre multiplié par 55 et divisé par 18, ce qui donne 15; donc Théophile a 15 ans; donc Anatole, qui en a les $\frac{2}{5}$, a 6 ans.

961. L'âge d'Henriette étant l'inconnue, celui d'Alphonsine sera $\frac{31}{12}$. Dans 18 ans 8 mois il sera $\frac{31}{12}$ de l'inconnue, plus 18 ans 8 mois; mais d'autre part il sera les $\frac{5}{4}$ de l'âge actuel plus 18 ans 8 mois, ou les $\frac{5}{4}$ de l'âge plus les $\frac{5}{4}$ de 18 ans 8 mois; ou enfin les $\frac{5}{4}$ de l'âge, plus 280 mois; donc les $\frac{31}{12}$ de l'inconnue, plus 8 ans 8 mois, ou 224 mois, équivalent aux $\frac{5}{4}$ de l'âge, plus 280 mois; ou les $\frac{31}{12}$ de l'âge égalent les $\frac{5}{4}$, plus 280 moins 224, ou enfin les $\frac{31}{12}$ de l'inconnue valent ses $\frac{5}{4}$, plus 56 mois; donc 56 mois sont la différence entre $\frac{31}{12}$ et $\frac{5}{4}$, ou les $\frac{16}{12}$ de l'âge cherché; donc on aura celui-ci en multipliant 56 par 12 et divisant par 16, ce qui donne 42; donc l'âge d'Henriette est 42 mois ou 3 ans 6 mois; et celui d'Alphonsine, qui en vaut les 31 douzièmes, est 9 ans et $\frac{1}{2}$ mois.

962. Si l'on retourne le nombre cherché, son chiffre d'unités devient un chiffre de dizaines, et vaut 10 fois autant; donc l'augmentation est de 9 fois la valeur du chiffre des unités. On reconnaît de même que le chiffre des dizaines devenant chiffre des unités, il y a perte de 9 fois la valeur du chiffre des dizaines. Or la valeur de 9 fois un chiffre moins 9 fois un autre chiffre revient à celle de 9 fois le premier moins le second, ou 9 fois la différence des 2 chiffres. Or le résultat de cette opération, dans le cas actuel, donne, d'après l'énoncé, une augmentation de 45; donc la différence des 2 chiffres est $\frac{1}{9}$ de 45, ou égale à 5.

La question revient donc à celle du n° 951, c'est-à-dire à celle-ci : La somme de deux nombres est 11, et leur différence 5; quels sont ces 2 nombres? En raisonnant comme ci-dessus, on trouve que le double du plus petit vaut 11 moins 5 ou 6; d'où le plus petit égale 3. Le plus grand sera donc 8. — On reconnaît que 8 est le chiffre des unités, et qu'on a 38; autrement on aurait 83, et le retournement en donnant 38 ne produirait pas une augmentation.

963. Même procédé. — On reconnaît encore que 9 fois la différence du chiffre des dizaines et de celui des unités vaut 63; donc, cette différence vaut le neuvième de 63 ou 7. On a donc deux chiffres, dont la somme est 9, et la différence 7. En procédant comme au n° 951 et au n° 962, on trouve que le plus petit des deux chiffres est la moitié de 9 moins 7, ou égal à 1; donc l'autre est égal à 8. — On reconnaît comme ci-dessus que le nombre cherché est 18.

964. Même procédé. — La différence des deux chiffres est encore le neuvième de 63 ou 7; donc le plus petit est la moitié de 11 moins 7; donc le plus petit est 2. — Il s'ensuit que le plus grand est 9, et l'on reconnaît que le nombre 29 satisfait aux conditions de la question.

965. Même procédé. — La différence des deux chiffres est le neuvième de 54 ou 6; donc le plus petit est la moitié de 10 moins 6, ou égal à 2. — Le plus grand sera donc 8, et l'on reconnaît que 28 satisfait à toutes les conditions de la question.

966. Si l'on ne prenait que des pièces de 5 fr., la valeur totale des 20 pièces serait 100 fr., qui débordent la somme voulue 52 de 48 fr. Remplaçons une pièce de 5 fr. par une pièce de 2 fr. : il y aura diminution de 3 fr. sur l'excédant; et pour que cet excédant soit épuisé et la somme réduite à 52 fr., il faut répéter cette diminution de 3 fr., ou autrement remplacer autant de pièces de 5 fr. par des pièces de 2 fr., que la différence 3 est contenue de fois dans l'excédant 48. — Le quotient est 16; donc il faut remplacer 16 pièces de 5 fr. par 16 pièces de 2 fr. De la sorte on aura 4 pièces de 5 fr. qui valent 20 fr., et 16 pièces de 2 fr. qui donnent 32 fr. — Ensemble, 52 fr. en 20 pièces.

967. Même procédé. — En prenant 21 pièces de 5 fr., on aurait 105 fr., qui débordent les 69 fr. voulus de 36 fr. En remplaçant une pièce de 5 fr. par une pièce de $0^f,50$, on perd $4^f,50$; et il faut faire cet échange autant de fois que 4^f50 sont contenus dans l'excédant à épuiser 36^f. Le quotient de 36 par 4,50 est 8; donc il faudra remplacer 8 pièces de 5 fr. par 8 pièces de 50 c. On aura donc 8 pièces de $0^f,50$ valant 4 fr., et 13 pièces de 5 fr. valant 65 fr. — Ensemble, 69 fr. en 21 pièces.

968. Même procédé. — En prenant toutes pièces de 2 fr., les 44 pièces donneraient 88 fr., qui excèdent de $40^f,25$ les $47^f,75$ qu'il s'agit de payer. En remplaçant une pièce de 2 fr. par une de 0,25, on perd $1^f,75$, ce qu'il faut répéter autant de fois que $40^f,25$ contiennent $1^f,75$, c'est-à-dire 23 fois; donc, sur les 44 pièces de 2 fr., il en faudra remplacer 23 par des pièces de 0,50; donc il y aura seulement 21 pièces de 2 fr., qui donnent 42 fr., et

23 pièces de 0,50, qui donnent 5ᶠ,75. Ensemble, 47ᶠ,75 qu'il s'agissait de payer.

969. A chaque échange il reste 18 fr. Il faudra donc faire autant de fois cet échange que 18 est contenu de fois dans 306ᶠ qui sont à payer. Le quotient est 17 ; donc on donnera 17 pièces de 20 fr., et l'on recevra en échange 17 pièces de 2 fr.

970. Il resterait, après chaque échange, 4ᶠ,50. Cette valeur est contenue dans la somme à payer 409ᶠ,50 un nombre entier de fois, 91 ; donc on donnera 91 pièces de 5 fr., et l'on recevra en échange 91 pièces de 0ᶠ,50.

971. Même procédé. — Il reste, après chaque échange, 0ᶠ,49. Ce nombre est contenu 19 fois dans 9ᶠ,31 ; donc on donnera 19 pièces de 0,50 en échange de 19 c.

972. Comme aux nᵒˢ 965 et suiv. — Si l'on plaçait bout à bout des pièces de 40 fr. seulement, on aurait une longueur totale de 45 fois 26 millimètres ou 1170 millimètres ; excès, 170 millimètres. En remplaçant une pièce de 40 fr. par une de 20 fr., on perd 26 moins 21, ou 5 millimètres, qui sont contenus 34 fois dans l'excès 170 mill. ; donc il faut remplacer 34 pièces de 40 fr. par autant de pièces de 20 fr. ; donc on aura 34 pièces de 20 francs et 11 pièces de 40 fr. — On reconnaît aisément que ces 45 pièces font une longueur de 1000 millimètres.

973. Même procédé, en se rappelant que les pièces de 1 fr. et celles de 2 fr. ont respectivement 23 et 27 millimètres. Si l'on prenait les 40 pièces de 2 fr., on aurait une longueur de 40 fois 27 ou 1080 millimètres. Il y a un excédant de 80. En remplaçant une pièce de 2 fr. par une pièce de 1 fr., on perd 4 millimètres ; et comme ce nombre est contenu 20 fois dans 80, il s'ensuit qu'il faut sur 40 pièces de 2 fr. en remplacer 20 ; donc il y aura 20 pièces de 1 fr. et 20 pièces de 2 fr. On constate aisément que la somme des longueurs donne 1000 millimètres.

974. Il reste au jeune homme après son premier don, les $\frac{39}{40}$ de son avoir. Son père augmentant son reste dans le rapport de 5 à 2, le fils possédera alors le quatrième terme de la proportion :

$$2 : 5 :: \frac{39}{40} : x. \qquad x = \frac{39}{16}$$

de l'avoir primitif. Le jeune homme dépense alors 35 fr., et se trouve posséder le double de ce qu'il avait d'abord ; donc les $\frac{39}{16}$ de ce qu'il avait, diminués de 35 fr., équivalent au double ou aux $\frac{32}{16}$ de ce qu'il avait ; donc ces 35 fr. sont la différence entre $\frac{39}{16}$ et $\frac{32}{16}$, ou valent les $\frac{7}{16}$ de l'avoir primitif ; donc $\frac{1}{16}$ vaut 7 fois moins, ou 5 fr. et les $\frac{16}{16}$ ou le tout, 16 fois 5, c'est-à-dire 80 fr.

975. Même procédé. — Il reste d'abord à la jeune fille les $\frac{4}{5}$ de son avoir. Sa mère changeant chaque franc en $1^f,50$, ou augmentant de moitié, les $\frac{4}{5}$ deviendront $\frac{6}{5}$. Elle dépense $1^f,60$, et il lui reste $\frac{10}{9}$ de son avoir. En réduisant les 2 fractions au même dénominateur, ce qui donne $\frac{54}{45}$ et $\frac{50}{45}$, on reconnaît que $1^f,60$ est égal à leur différence $\frac{4}{45}$. Si les $\frac{4}{45}$ du nombre cherché valent $1^f,60$, $\frac{1}{45}$ vaudra 4 fois moins, ou $0^f,40$, et le tout 45 fois autant ou 18 fr.

976. Il reste à la jeune fille les $\frac{83}{90}$ de ses fonds. Ce que ceci devient par le changement de chaque valeur de 75 c. en 2 fr. se trouve par la proportion :

$$0{,}75 : 2 :: \frac{83}{90} : x. \qquad x = \frac{332}{135}.$$

La jeune fille perd alors les $\frac{2}{5}$ de cette valeur ; donc il ne lui reste plus que les $\frac{3}{5}$ de $\frac{332}{135}$ ou $\frac{332}{225}$. Cette valeur est augmentée par la mère, et devient le quatrième de la proportion :

$$2{,}40 : 5 :: \frac{332}{225} : x. \qquad x = \frac{83}{27},$$

toute réduction faite. La jeune fille dépense alors $7^f.32$, et se trouve avoir les $\frac{7}{9}$ ou les $\frac{63}{27}$ de son avoir primitif; donc le nombre $7^f,32$ est la différence de ces deux fractions, ou les $\frac{20}{27}$ du nombre cherché; donc on aura celui-ci prenant $\frac{1}{20}$ de $7,32$ qui est $0,366$, et multipliant par 27, ce qui donne $9^f,88$.

977. Les 650 kil. de sucre de canne devant payer 38 pour 100 de 257^f ou $97^f,66$, coûteront en tout $234^f,66$. Ils se vendent 722^f; différence en bénéfice, $367^f,34$, qui pour 650 kil. donnent $0^f,56514$ par kil. Les 1154 kil. de sucre de betteraves coûtent 449 fr. plus les $0,29$ ou $130^f,21$; ensemble, $597^f,21$; ce qui pour 1154 kil. donne $0^f,50191$ pour dépense d'un kilogramme. Puisque le second sucre doit donner par kil. le même profit que le premier, savoir, $0^f,56514$, il faut ajouter ce nombre à $0^f,50191$, ce qui donne $1^f,06705$ pour prix de vente du kil. de sucre de betteraves. Pour avoir le prix total on multipliera $1,06705$ par 1154, ce qui donne 1231 fr. et quelques centimes.

978. Quand la marchande a donné les $\frac{12}{13}$ de son second reste, il lui reste $\frac{1}{13}$ de ce reste; mais elle donne encore $\frac{1}{13}$ d'œuf, et il ne reste plus rien; donc $\frac{1}{13}$ du second reste est le $\frac{1}{13}$ d'un œuf; donc le second reste était précisément un œuf. Quand auparavant elle a donné les $\frac{12}{13}$ de son premier reste, il lui restait $\frac{1}{13}$ de ce premier reste; or ce $\frac{1}{13}$ diminué de $\frac{1}{13}$ d'œuf qu'elle donne encore laisse le second reste ou un œuf. Donc $\frac{1}{13}$ du premier reste dépasse de $\frac{1}{13}$ d'œuf le second reste 1; il est donc égal à 1 plus $\frac{1}{13}$ ou à $\frac{14}{13}$ d'œuf. Mais si $\frac{1}{13}$ du premier reste vaut $\frac{14}{13}$ d'œuf ou $\frac{1}{13}$ de 14 œufs, le premier reste est évidemment égal à 14. Enfin, après avoir donné les $\frac{12}{13}$ de ce qu'elle avait d'abord, elle n'a plus que $\frac{1}{13}$ de cet avoir, et ce $\frac{1}{13}$, diminué de $\frac{1}{13}$ d'œuf, donne le premier reste ou 14; donc $\frac{1}{13}$ de l'avoir primitif est égal à 14 œufs plus $\frac{1}{13}$ ou à $\frac{183}{13}$ d'œuf; donc cet avoir est égal à 13 fois $\frac{182}{13}$ ou à 183 œufs. On reconnaît aisément que ce nombre satisfait à toutes les conditions du problème.

979. Lorsque la marchande donne les $\frac{2}{7}$ de son second reste plus les $\frac{6}{7}$ d'un litre, il lui reste les $\frac{5}{7}$ de ce second reste moins $\frac{6}{7}$ de litre, ce qui compose 12 litres. Donc les $\frac{5}{7}$ du second reste valent 12 litres plus $\frac{6}{7}$ ou $\frac{90}{7}$ de litre ; donc 5 fois le second reste valent 90 ; donc le second reste vaut 18. Ce nombre est le résultat de la distribution précédente, après laquelle il restait à la marchande $\frac{5}{7}$ du premier reste moins les $\frac{13}{49}$ d'un litre ; donc les $\frac{5}{7}$ du premier reste valaient 18 litres plus $\frac{13}{49}$ ou $\frac{895}{49}$ de litre ; donc le premier reste valait cette dernière fraction multipliée par 7 et divisée par 5, ce qui donne, toutes réductions faites, $\frac{179}{7}$. Or, ce premier reste se compose de $\frac{5}{7}$ de l'avoir primitif moins $\frac{1}{7}$ de litre ; donc les $\frac{5}{7}$ de cet avoir valent $\frac{179}{7}$ plus $\frac{1}{7}$ ou $\frac{180}{7}$. Donc 5 fois l'avoir valent 180 ; donc la quantité primitive de lait vaut le cinquième de 180 ou 36 litres.

980. Même procédé. — On remarque d'abord que $\frac{1}{10}$ de son second reste moins le $0^l,1$ vaut 1 litre ; donc $\frac{1}{10}$ du second reste vaut $1^l,1$; donc le second reste valait 10 fois cela ou 11 litres. Ce reste se composait de $\frac{11}{15}$ du premier reste, moins $\frac{11}{15}$ de litre ; donc $\frac{11}{15}$ du premier reste valent 11 litres plus $\frac{11}{15}$ ou $\frac{176}{15}$; donc 11 fois le premier reste valent 176 ; donc le premier reste vaut 11 fois moins ou 16 litres. Enfin, ce premier reste est égal aux $\frac{3}{8}$ du liquide primitif moins $\frac{7}{8}$ de litre ; donc les $\frac{3}{8}$ primitifs valent 16 litres plus $\frac{7}{8}$ ou $\frac{135}{8}$; donc 3 fois le volume cherché valent 135 ; donc ce volume est le tiers de 135 ou 45 litres.

981. Il est évident que chacune des parts égales doit être un des nombres de la série 1000, 2000, 3000,

4000; car lorsque le dernier a reçu celui de ces nombres qui correspond à son rang, s'il restait quelque chose,
il faudrait en ajouter le sixième; donc il resterait encore
$\frac{5}{6}$; donc il resterait toujours quelque chose, tandis que le
fonds s'épuise par une distribution en parts égales. Donc
la première part est un de ces multiples de mille; donc
en retranchant le premier mille il reste encore un multiple de 1000 dont on prend le sixième; ce sixième est un
nombre entier et un multiple de 1000, sans quoi il ne
ferait pas, avec ce premier mille, ce multiple de 1000 qui
est la valeur de chaque part. Donc le premier reste est à la
fois et un multiple de 6 et un multiple de 1000, ou un multiple de 6000; donc le bien total est un multiple de 6000
augmenté de 1000; donc il est un des nombres 1000,
7000, 13000, 19000, 25000, 31000, etc., etc. Or, en ôtant
1000 de chacun de ces nombres et ajoutant le $\frac{1}{6}$ du reste
pour former la première part, on a les nombres respectifs correspondants 1000, 2000, 3000, 4000, 5000,
6000, etc., parmi lesquels le nombre exprimant la première part doit être un diviseur exact du nombre supé-
rieur correspondant, puisque celui-ci, divisé par le nombre des enfants, qui est essentiellement entier, donne le
nombre inférieur. On reconnaît sur-le-champ que le
nombre 25000 est le seul qui satisfasse à cette condition;
donc le bien du père est 25000; chaque part est 5000, et
le nombre des enfants est 5.

982. La grande aiguille prendra immédiatement le pas,
et ne rejoindra la plus petite qu'après avoir parcouru le
tour du cadran, plus un certain espace parcouru par la
petite depuis le départ commun. Il y a donc un intervalle
de 60 divisions entre les deux aiguilles au moment du
départ, et la grande doit épuiser cet intervalle à la faveur

de la plus grande vitesse, qui est de 60 divisions quand la petite ne parcourt que 5. La différence des deux chemins parcourus est donc de 55 divisions par heure en faveur de la grande aiguille, et il s'agit de savoir en combien de temps seront épuisées les 60 divisions d'intervalle. C'est ce qu'on connaît par la proportion :

$$55 : 60 :: 1^h : x. \qquad x = \frac{60}{55} \text{ ou } \frac{12}{11} \text{ d'heure;}$$

c'est-à-dire que la grande rejoindra la petite après un tour de cadran d'une heure, plus $\frac{1}{11}$ d'heure ou 5 min. $\frac{5}{11}$; donc la grande marquera 1^h· 5^m· $\frac{5}{11}$ quand elle rejoindra la petite; donc celle-ci sera au point correspondant du cadran.

Pour avoir les points des autres rencontres, il est clair qu'il faut ajouter au nombre de la première encore 50^m· $\frac{5}{11}$; puis encore 5^m· $\frac{5}{11}$ au résultat, et ainsi de suite. Après 11 rencontres, la petite aiguille a parcouru 11 fois 5^m· $\frac{5}{11}$ ou 60 min., c'est-à-dire le tour entier du cadran.

983. Les points de rencontre de l'aiguille des heures et de celle des minutes étant déterminés par ce qui précède, il faudrait, pour que l'aiguille des secondes les rencontrât toutes deux en un de ces points, qu'un certain nombre entier de secondes se confondît avec un certain nombre de onzièmes de minutes; or, 60 n'étant pas divisible par 11, une minute ou 60 secondes ne donnent pas de onzièmes en nombre entier; donc les fractions en onzièmes de minutes, qui correspondent aux rencontres ci-dessus, ne correspondront à aucun arrêt de l'aiguille des secondes, qui suppose un nombre entier de celles-ci. Mais comme à chaque minute l'aiguille des secondes arrive sur 12 heures, il est clair que les trois aiguilles coïncideront toujours sur ce chiffre, mais seulement sur celui-là.

984. Au moment du départ du second courrier, le

9

premier, parti depuis 6 heures, a déjà parcouru 6 fois 3 lieues ou 18 lieues ; tel est l'intervalle qui sépare les deux courriers au moment où leur marche simultanée commence, intervalle qui, pour leur rencontre, doit être épuisé par l'excès de vitesse du second sur le premier. Le second gagne sur le premier 2 lieues par heure ; donc il rejoindra le premier après autant d'heures qu'il en faut pour épuiser 18 à raison de 2 par heure, c'est-à-dire après 9 heures. Le premier avait déjà couru 6 heures ; donc il s'en sera écoulé 15 depuis son départ quand le premier le rattrapera. Mais il fait 3 lieues par heure ; donc il sera alors à 15 fois 3, ou 45 lieues de Paris.

935. Même procédé. — Au moment du départ du second courrier, le premier aura déjà fait 8 fois $3\frac{1}{2}$ ou 28 lieues, intervalle que devra combler le second, à raison de $5\frac{1}{4}$ moins $3\frac{1}{2}$ ou 1 l. $\frac{3}{4}$ qu'il gagne par heure sur le premier. Or, le nombre 28 divisé par $1\frac{3}{4}$ donne 16 ; donc il se sera écoulé 16 heures depuis le départ du second ; donc 24 heures depuis celui du premier ; donc celui-ci est rencontré à 24 fois $3\frac{1}{2}$ ou 84 lieues de Paris.

936. On conclut d'abord de l'énoncé que le voleur fait $\frac{7}{3}$ de lieue par heure, et le gendarme $\frac{11}{4}$ de lieue ; différence, $\frac{17}{12}$ de lieue que le gendarme gagne par heure sur le larron. Si celui-ci a 6 heures $\frac{1}{2}$ d'avance, il a parcouru 6 fois $\frac{1}{2}$ sept tiers de lieue, ou $\frac{91}{6}$ de lieue. Cet intervalle sera épuisé en autant d'heures qu'il contient de fois $\frac{17}{12}$, gain du gendarme par heure. Le quotient de la division de ces deux nombres fractionnaires est, réductions faites, $\frac{182}{17}$; la rencontre aura donc lieu après ce nombre d'heures. Le gendarme faisant $\frac{11}{4}$ de lieue par heure, le produit de $\frac{182}{17}$ par $\frac{15}{4}$ ou $\frac{1341}{34}$ donne en lieues la distance du point de

départ commun au point de rencontre. La réduction de ce nombre fractionnaire donne 40 lieues $\frac{5}{34}$.

987. Pour ramener cette question aux précédentes, tâchons de démêler d'abord les rapports des vitesses. Puisque 5 pas de cheval en valent 16 de fantassin, 1 seul pas de cheval vaut $\frac{1}{5}$ de 16 ou 3,2 pas de fantassin; donc 11 pas de cheval valent 11 fois 3,2 ou 35,2 pas de fantassin, et sont faits dans le même temps que le fantassin fait 17 de ses pas. Ainsi les vitesses relatives du cavalier et du fantassin sont 35,2 et 17; et tandis que le fantassin fait un seul de ses pas, le cavalier fait la 17e partie de 35,2 ou 2,07; donc, à chaque pas fait par le fantassin, le cavalier gagne sur lui 2,07 moins 1, ou 1,07; donc l'intervalle primitif sera épuisé après un nombre de pas de fantassin égal au quotient de cet intervalle 302 divisé par 1,07, ou après 282 pas de fantassin.

Si l'on veut savoir après combien de pas de cavalier, on aura la proportion :

$$17 : 11 :: 282 : x. \qquad x = 182 \text{ pas environ.}$$

988. En prenant pour unité le saut de renard, 3 sauts du chien en valent 7, un saut du chien vaut $\frac{7}{3}$, et deux sauts $\frac{14}{3}$; donc le chien fait $\frac{14}{3}$, tandis que le renard fait 3; et le renard fait un, tandis que le chien fait le tiers de $\frac{14}{3}$ ou $\frac{14}{9}$. L'excédant de $\frac{14}{9}$ sur l'unité étant $\frac{5}{9}$, telle est l'avance que prendra le chien à chaque saut du renard; donc les 60 sauts de renard qui font l'intervalle primitif, seront épuisés par le quotient de 60 divisés par $\frac{5}{9}$. Ce quotient est 108; donc il sera fait 108 pas de renard jusqu'au moment de la rencontre.

Si l'on demandait le nombre des sauts du chien, on aurait pour réponse le quatrième terme de la proportion.

$$3 : 2 :: 108 : x. \qquad x = 72 \text{ sauts de lévrier.}$$

989. Réduisant d'abord les mouvements en secondes de degré, on trouve que le soleil parcourt 3560″, tandis que la lune en parcourt 47442″. D'ailleurs, comme dans le problème des aiguilles, le soleil se trouve avoir sur la lune une avance d'un cercle entier de 360° ou 1296000″. Quand le soleil parcourt 1″, la lune parcourt 3560 fois moins que 47442 ou 13″,3264 ; donc, à chaque seconde de degré parcourue par le soleil, la lune gagne 12″,3264 ; et elle rencontrera le soleil après avoir épuisé l'intervalle 1296000″, à raison de 12″,3264 par seconde de mouvement solaire. Le quotient est 105140 : tel est le nombre de secondes qui sera parcouru par le soleil pendant que la lune fera le tour entier, plus le même chemin. Ce nombre, réduit en degrés, donne 29° 12′ 20″. Tel est le nombre qu'il faut ajouter à 360° pour avoir le parcours de la lune pendant ce temps. Pour avoir la durée de ce mouvement, on fera la proportion : si, en un jour, le soleil parcourt 3560″, en combien parcourra-t-il 105140 ?

ou $\qquad 3560 : 105140 :: 1 : x. \qquad x = 29^{j},53.$

990. On calculera d'abord le chemin fait par le premier lorsque le second part, au moyen de la proportion :

$\qquad 3^{h} : 6^{h},5 :: 11^{l} : x. \qquad x = 23^{l},833,$

et en kilomètres 95^{kil},333. L'intervalle des deux villes est 449 kilom., sur lesquels l'un des courriers a déjà parcouru 95^{kil},33 ; donc il reste 353^{kil},67 pour la longueur de la route sur laquelle, en partant au même moment, les deux courriers vont venir l'un au-devant de l'autre.

Or, ces deux courriers faisant dans une heure, l'un $\frac{11}{3}$ de lieue, l'autre $\frac{7}{2}$, il est clair que les deux chemins qu'ils vont parcourir, en partant ensemble et arrivant ensemble au point de rencontre, seront entre eux comme ces deux vitesses, ou $:: \frac{11}{3} : \frac{7}{2}$ ou $:: \frac{22}{6} : \frac{21}{6}$, ou enfin $:: 22 : 21$;

donc la question se réduit à diviser la longueur 353^{kil},67 en deux parties proportionnelles aux nombres 22 et 21. On aura donc les deux proportions :

$$43 : 22 :: 353,67 : x. \qquad x = 180^k,95 ;$$
$$43 : 21 :: 353,67 : x. \qquad x = 172^k,72.$$

Le premier fait donc 180^k,95 en sus des 95^k,33 qu'il avait déjà faits lorsque le second est parti ; donc ce sera à 276^k,28 de Paris qu'il sera rencontré par le second.

991. Même procédé. — En divisant d'abord 13 lieues par 3 h. 20 m., on trouve le nombre de lieues que le courrier parisien fait par heure ; c'est 3,9. De même, en divisant 8 lieues par 2 h. $\frac{3}{4}$, on trouve que le courrier marseillais fait par heure 2^l,909. L'intervalle qui sépare les deux villes est 823 kilomètres, sur lesquels le premier a déjà parcouru en 5 h. 20 m., à raison de 3^l,9 ou 15^k,6 par heure, 5 fois et un tiers le nombre 15^k,6 ou 83^k,2. Retranchant de 823 k., on a 739^k,8 que les deux courriers doivent se partager proportionnellement à leurs vitesses respectives par heure, 3,9 et 2,909. On aura donc les deux proportions suivantes :

$$6,809 :: 3,9 :: 739,8 : x. \qquad x = 423^k,74 ;$$
$$6,809 : 2,909 :: 739,8 : x. \qquad x = 316,06.$$

Mais le premier était déjà à 83^k,2 en avant de Paris ; ajoutant ce nombre à 423^k,74, on trouve que la rencontre se fera à 506^k,94 de Paris.

992. On trouve d'abord au moyen de calculs convenables que le courrier de Lyon fait par heure 14^k,28572, et celui de Bourges 13^k,2. Le premier a déjà fait en avant de Lyon, pendant 2 h. 37 m., un chemin égal au produit de 14^k,28572 par 2 $\frac{37}{60}$ ou 37^k,38 ; il ne reste donc du chemin total 274 que 236^k,62, que les deux courriers vont parcourir en sens inverse. Il s'agit donc de diviser proportionnellement cette longueur comme les vitesses des deux courriers, ou :: 14,28571 : 13,2. De là les deux proportions :

$$27,48571 : 14,28571 :: 236,62 : x. \quad x = 123,02 ;$$
$$27,48571 : 13,2 \quad :: 236,62 : x. \quad x = 113,6.$$

Mais le second s'est arrêté pendant 14 minutes en route, ce qui lui fait perdre les $\frac{14}{60}$ de $13^k,2$ qu'il parcourt en 1 heure, ou $3^k,2$; donc il ne parcourra effectivement que $110^k,4$, tandis que l'autre parcourra $126^k,42$, mais dans un temps un peu différent.

995. On calculera d'abord, par les moyens ordinaires (n°s 484 et suiv.), ce que vaut au bout de 3 ans, à intérêts composés, une somme de 11220 fr., et l'on trouve ainsi $12988^f,55$.

Cela fait, supposons qu'on fasse pendant 3 ans 3 payements annuitaires de 100 fr. La première somme de 100 fr. payée à la fin de la première année resterait placée à intérêts composés pendant 2 ans seulement, et vaudrait alors 110,25. La seconde somme 100 resterait placée pendant une année seulement, et vaudrait 105 ; enfin le troisième payement de 100 fr., fait à la fin de la troisième année, n'aurait que sa propre valeur. Ces trois résultats valent ensemble $315^f,25$; donc une annuité de 100 francs payée pendant 3 ans, à la fin de chaque année, éteindrait une dette qui, avec ses intérêts composés pendant le même temps, vaudrait $315^f,25$; donc, réciproquement, une dette valant $315^f,25$ s'éteindrait par une annuité de 100 fr. ; donc notre dette de $12988^f,55$ s'éteindra par une annuité qui contiendra autant de fois 100 francs que la dette $12988^f,55$, relative à cette annuité, contient $315^f,25$, dette relative à une annuité de 100 fr. On aura donc pour l'annuité cherchée le quatrième terme de la proportion :

$$315,25 : 12988,55 :: 100 : x. \qquad x = 4120^{f},80.$$

Il est aisé de constater que ce nombre satisfait aux conditions du problème.

994. Même procédé. — On calcule d'abord ce que vaudra la dette au bout de 5 ans, à 6 pour 100, et l'on trouve, par les moyens ordinaires, 69641^{f},26.

Calculant de même ce que vaudraient cinq placements annuitaires de 100 fr., et faisant la somme comme ci-dessus, on trouve 563,71; donc on aura la proportion :

$$563,71 : 69641,26 :: 100 : x. \qquad x = 12354 \text{ fr.}$$

Tel sera le payement annuel pendant 5 ans.

995. On cherchera d'abord, comme ci-dessus, ce que vaudra la dette totale dans 3 ans, à 4,50 p. 100, et l'on trouvera 278444^{f},53.

On cherchera de même le montant de trois annuités de 100 fr. à 4,5; et l'on trouvera, par le même calcul que ci-dessus, 313^{f},7025; d'où la proportion :

$$313,7025 : 100 :: 278444,53 : x. \qquad x = 88761 \text{ fr.}$$

Telle est la valeur de l'annuité.

996. Même procédé. — On cherche la valeur acquise par la dette 7052 fr. au bout de 5 ans, à 3 p. 100, et l'on trouve 8175^{f},20.

On cherche de même le montant de cinq annuités de 100 fr., ce qui donne 530,91; d'où la proportion :

$$530^{f},91 : 100 :: 8175,20 : x. \qquad x = 1539^{f},80.$$

997. Cela revient à cinq annuités payables de 6 en 6 mois à 3 p. 100. — Le montant de la dette, après ces cinq termes, s'élève à 4087^{f},60.

Le montant de cinq annuités de 100 donne la même somme que dans le cas précédent, ou 530^{f},91; d'où la proportion :

$$530,91 : 100 :: 4087,60 : x. \qquad x = 769^{f},90.$$

Telle est la valeur de l'annuité semestrielle.

998. La somme remboursable est égale au montant des sommes produites par les quatre placements de 2300 fr., lesquels valent respectivement, au bout de 3 ans :

2662,5375, 2535,75, 2415 et 2300;

ensemble, 9913f,2875. La somme empruntable est celle qui, au bout de 4 ans, a acquis cette valeur. On la trouve en prenant encore pour terme de comparaison le nombre 100, qui, au bout de 4 ans, à 5 d'intérêt, a acquis la valeur 121f,55; d'où la proportion :

121,55 : 100 :: 9913,2875 : x. $x = 8155^f,70$.

Telle est la somme qu'on pourra emprunter et rembourser.

999. Même procédé. — La somme à emprunter est celle qui, au bout de 5 ans, vaudrait par la cumulation des intérêts le montant des cinq placements de 900 fr. Ces cinq placements vaudraient respectivement 1063 fr., 1019,64, 978,13, 938,25 et 900; ensemble, 4899f,02.—La somme 100, placée pendant 5 ans au même taux, deviendrait 123,134; d'où, comme ci-dessus, la proportion :

123,134 : 100 :: 4899,02 : x. $x = 3979$ fr.

1000. Même procédé. — La question revient à celle de six placements semestriels, au taux de 2 $\frac{1}{4}$ p. 100. — En procédant comme ci-dessus, on trouve que les six placements de 56f,10 valent respectivement

62f,70, 61f,32, 59f,97, 58f,65, 57f,36 et 56f,10;

ensemble, 356f.10. La somme 100, après six périodes à 2 $\frac{1}{4}$, vaudrait 114f,18. On a donc la proportion :

114,18, 100 :: 356,10 : x. $x = 311^f,88$.

Telle est donc la somme qu'on pourrait emprunter et rembourser dans les conditions du problème.

FIN.

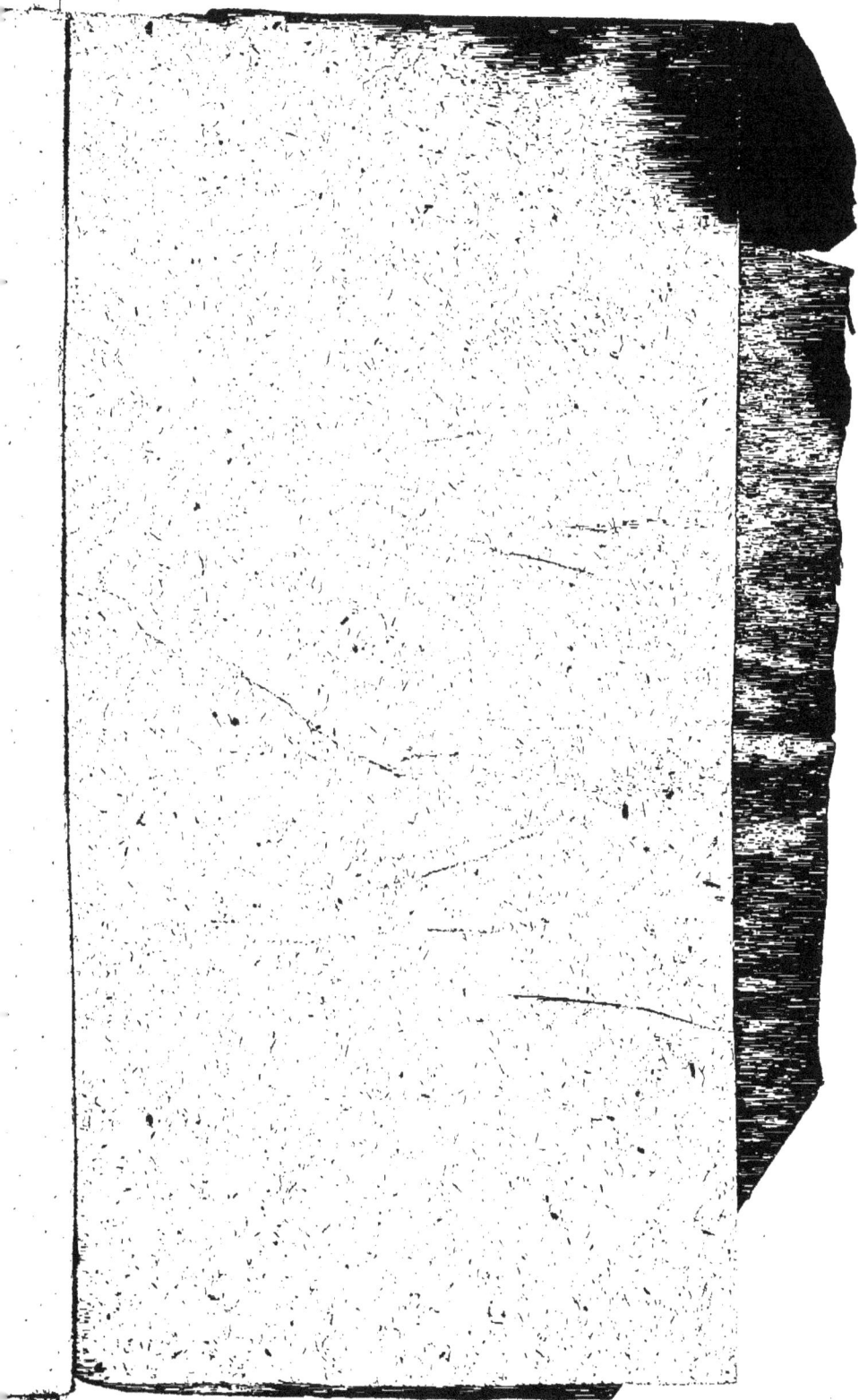

www.ingramcontent.com/pod-product-compliance
Lightning Source LLC
Chambersburg PA
CBHW070545200326
41519CB00013B/3130